江苏凤凰科学技术出版社

建筑思维的草图表达

［德］迪特尔·普林茨
［德］克劳斯·D·迈耶保克恩　著

赵巍岩　译

U0283810

江苏凤凰科学技术出版社

图书在版编目（CIP）数据

建筑思维的草图表达 /（德）迪特尔·普林茨，（德）
克劳斯·D. 迈耶保克恩著；赵巍岩译 . -- 南京：江苏
凤凰科学技术出版社 , 2017.3
　ISBN 978-7-5537-7979-9

　Ⅰ . ①建… Ⅱ . ①迪… ②克… ③赵… Ⅲ . ①建筑设
计—图集—德国 Ⅳ . ① TU206

　中国版本图书馆 CIP 数据核字 (2017) 第 025701 号

建筑思维的草图表达

著　　者	[德] 迪特尔·普林茨　　[德] 克劳斯·D·迈耶保克恩
译　　者	赵巍岩
项 目 策 划	凤凰空间 / 李文恒
责 任 编 辑	刘屹立
特 约 编 辑	李文恒

出 版 发 行	江苏凤凰科学技术出版社
出版社地址	南京市湖南路1号A楼，邮编：210009
出版社网址	http://www.pspress.cn
总 　经 　销	天津凤凰空间文化传媒有限公司
总经销网址	http://www.ifengspace.cn
印　　刷	固安县京平诚乾印刷有限公司

开　　本	889 mm×1 194 mm　1/16
印　　张	7.5
版　　次	2017年3月第1版
印　　次	2019年10月第5次印刷

标 准 书 号	ISBN 978-7-5537-7979-9
定　　价	39.00元

图书如有印装质量问题，可随时向销售部调换（电话：022-87893668）。

前　言

许多建筑师都善于绘画，甚至一些建筑师在绘画方面的造诣与画家并无二致。在日常生活或工作中，建筑师与画笔打交道的情形大体有以下几种：

一是纯粹的绘画。建筑师可以进行绘画创作、写生，当然也可以从事其他种类的艺术活动，在这种情况下，建筑师的职业身份发生了变化，绘画对于建筑师来说是一种修养，他们在从事这项活动时与一般的画家或绘画爱好者的行为无异。

二是利用画笔进行各种思考。如工作程序、案例所涉及范围的分析等，在这种情况下，图画更多的是以图表、图解的方式来表达的，建筑师的画法同经济师、策划师等的画图方式没有什么区别。

但建筑师还有一种绘画方式，不是对已有建筑的表达，而是对从无到有、无中生有的建筑的表达，在建筑师的创造性活动中，不断地需要将头脑中的构想图形化，形体、空间，甚至场地氛围都需要通过这样的图画来进行表达，因为这是一种呈现设计意图的最为便捷的方式，这是独属于建筑师的一种绘画方式。本书就介绍了这样一种绘图的方式，在作者循序渐进的教导中，初学者会发现，掌握这样一种绘画方式，既非毫无规律可循，又是一件饶有兴趣的事情，即使是在电脑技术飞速发展的今天，这种绘画方式仍旧是建筑思维表达的最为有力的方法之一。

有关钢笔画、效果图画法的书籍很多，但与建筑师的最富有职业特点的绘画方式直接相关的书籍却非常之少，相信这本书会对许多建筑师和建筑类专业的学生们有很大的帮助。

莫天伟　赵巍岩

序 言

建筑设计和城市建设方案的空间环境展示在当今越来越受到人们的关注。人们往往将之视为"绘画艺术"而对此满怀敬畏之心。人们会本能地产生"这个我做不到"的畏难情绪，从而导致许多人根本就没有尝试过这一重要的方案设计方式。

实际上，人们根本无须将其看得高不可攀，因为在空间环境的绘画表达中，存在着明显的规律。要掌握这些规律，只需要一点儿耐心。更重要的是，要做好准备抓住一切机会进行练习。初期的成果会带来乐趣和信心，接下来的草图就会越画越好。翻过一页一页的练习，畏难之情自会烟消云散。

空间形体在形式与功能方面的创意及其结构布局，
是建筑设计和城市设计方案的任务和目的。对于每
个方案来说，任务都是新的，创意也就必须以可被
领会的形式创造性地呈现出来。

开始，形式的构成首先存在于创作者的头脑中，这
时它还只是一个模糊的意念，需要通过绘画或是立
体的形式形象地表达出来，才能使批评意义上的探
究、检验、确认或放弃成为可能。

最初的草图能引发新的、较为清晰的意象，在接下
来的绘画过程中，这一意象会被反复唤起。

头脑中抽象的创意和纸上草图式的创意之间的对
话，会引起一场持续的思想与图画之间的交流，这
对于解决方案设计任务来说是不可避免的，也是充
满乐趣的。同时，草图可以使每一阶段的设计方案
都清楚可见，人们在回顾设计过程时，对整个设计
方案的发展能有更加切身的体会。

方案设计任务
形体与空间的
抽象创意

美术的绘画

设计范围内的
绘画

本能的、没有
清晰意识的想
象图

图解式的技术
性绘画

通过空间环
境绘画的方
法，使方案
创意可观察、
可言说

作为表达方式的绘画
空间环境绘画的任务

本书致力于"空间环境绘画"这一方案设计方法。为了使创意的过程充满乐趣，为了使创意的表达技艺更加精湛，为了使人能自发地并正确地掌握空间环境绘画的技巧，书中提供了建议、指导和帮助。本书不是试图使绘画成为一种描摹作品的行为，成为对已经存在的、可见事物的反映，也不是试图使之成为图画式的、精美计划的展示方式，更不要求绘画者将每一幅图画都创造成"艺术品"。

本书的主旨是将草图作为一种工作方式，作为眼睛和大脑在方案创造过程中共同参与的媒介，作为方案内容交流与描述的一种载体。

目　录

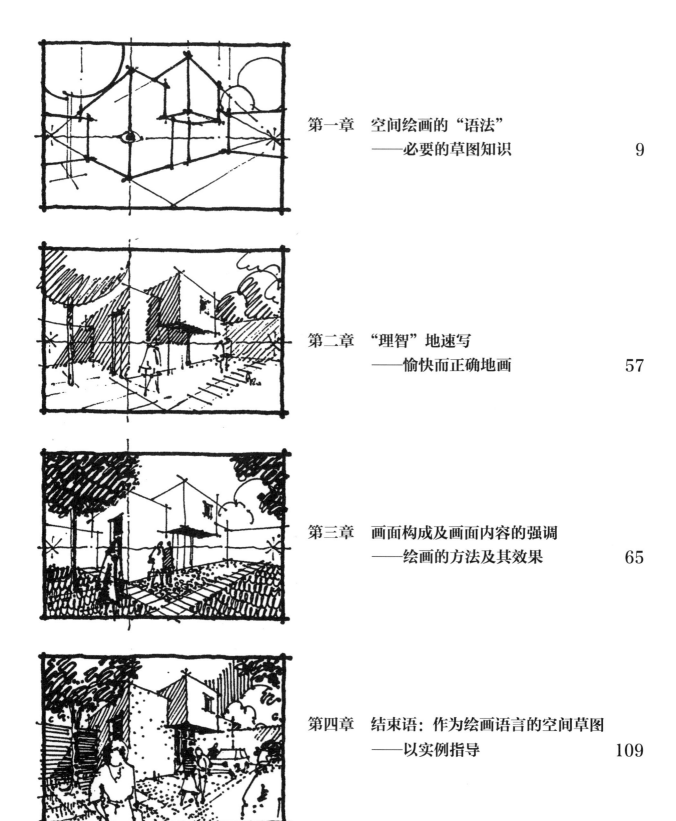

第一章 空间绘画的"语法"
——必要的草图知识

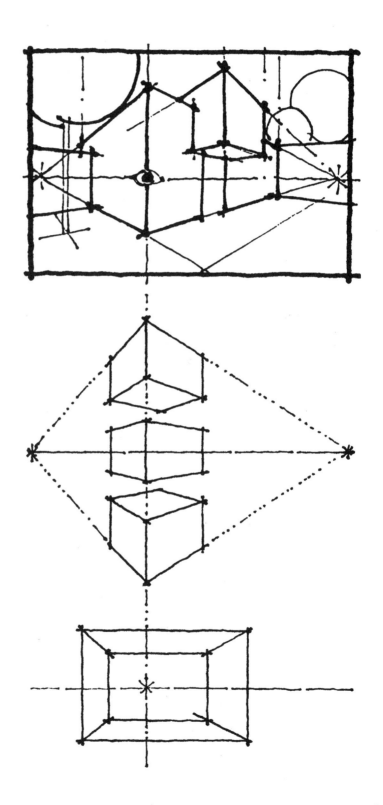

日常经验的空间形态

空间

空间环境的经验和需求决定着我们的生活方式。我们在空间中生活、工作，在空间中欢度节日。空间环境给予我们安全感，室内空间满足了我们对私人领域的渴望，外部空间则是共同活动的起始点，是公共生活的舞台。空间环境或者是我们休息与逗留的场所，或者是我们在运动中所体验到的场景序列。

由此凸显出的"空间环境"，就是我们周围场所的形态。组成建筑空间环境的是壁龛、房间、厅堂，组成城市空间环境的是小巷、院落、街道、广场，组成景观空间环境的则为花园和公园。

上述的空间环境我们可以进入、观察、拍照、描绘，空间环境场景作为一种可视图景是非常具体的。我们可以转换我们的视野，获得流畅的系列场景印象，并将空间环境作为一个整体加以把握。

每个观察者对同一图景总是有着几乎差不多的真实感与记忆，人们对于谁看到了真实的图景无须争辩，那是因为，当气氛或事件成为一种可以观察的景象时，它们对人们的记忆（心理）图景会产生更加积极的影响。

由于存在着设计空间环境、空间秩序这样的任务，空间环境的描绘者首先
要能在脑海里构思出方案设计的图景。在方案设计的过程中，为了贴切地
表现出空间形体的创意和气氛，可以用多种多样的方式，画出空间环境的
表现图。

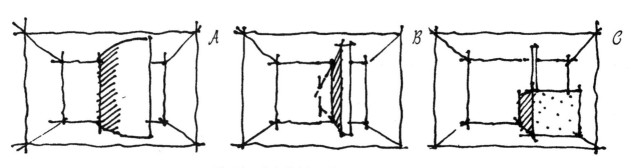

通过形式要素完善空间环境——系列尝试

虽然有二维的平面图和立面图，但要想更进一步地了解设计，则需要一种
专业并且熟练的想象力，才能将平面与立面联系起来形成三维立体图景。

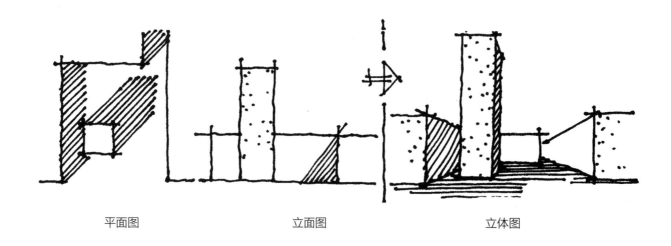

平面图　　　　　　　　　立面图　　　　　　　　　立体图

更为困难的是与他人分享这种抽象的方案创意。这意味着，向他人生动地
介绍方案的创意，将高度、深度的形式和比例通过说明性的语言非常形象
化地描述出来，并且能激发和引导听者和读者的想象，使他们能在脑海里
呈现出与方案设想相符的图景，这是不易做到的事情。

所以说，无论对自己还是对他人，通过绘画和草图使方案构思清晰化是一个重要的方法。绘画作为一种二维的表达媒介，与空间的三维特征是有矛盾的。空间环境绘画艺术的意义在于它能够给观察者想象中的空间和形体赋予具象的形式，以便于人们对比例与尺度关系进行考量。通过绘画中的线条、光影和尺度确定的细节，空间环境绘画在引导观察者理解方案设计意图、展现设计构思方面是十分有效的。

作为一种方案设计重要手段的绘画，必须遵守视知觉的规律，考虑到人的眼睛在现实中的感知习惯。

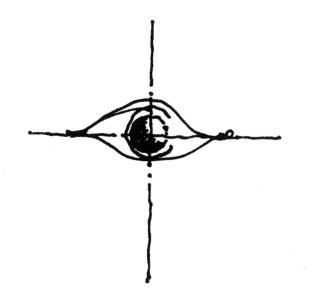

因为这种绘画要成为一种"可能实现"的预想图景，它就必须是"诚实的"。它不是（艺术家的）自我表现，而首先是一种为了一定目的的介绍和理解的方法。这种专门化的性质使得这种草图很自然地不属于艺术作品的范畴。

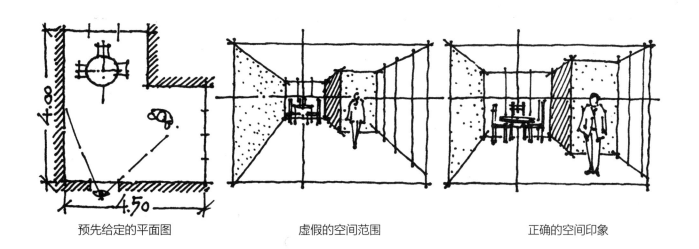

预先给定的平面图　　　　　　虚假的空间范围　　　　　　正确的空间印象

空间绘画——单一的和组合的物体的表达

立方体

平面图　　立面图（正视图）　　空间表达

空间绘画组合的立方体

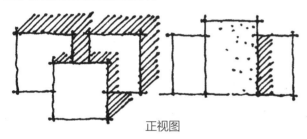

正视图

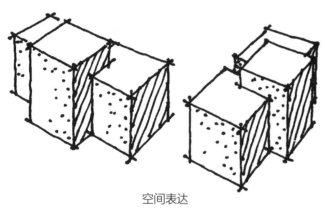

空间表达

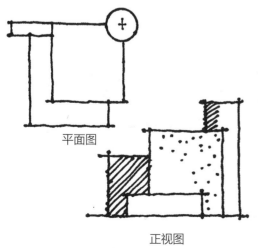

平面图

正视图

应用示例

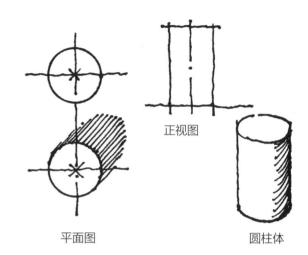

平面图　　　　　　　　　圆柱体

正视图

这个例子想要表明的是，本身非常简单的物体首先可以通过空间的绘画表达被描述并被理解

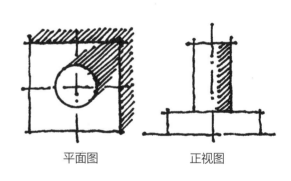

平面图　　　　　　　正视图

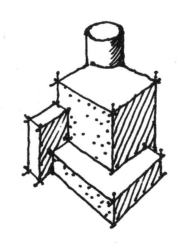

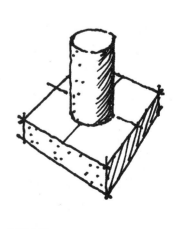

空间表达

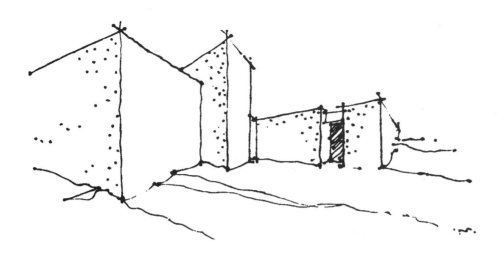

物体

作为造型的物体、空间和面之间的连结，是空间和形体创造的研究对象，同时也是构造细部形式、建筑组合形态、城市与景观中的小品，以及城市形态构成的课题。

造型必须能基于不同比例的平面，借助于模型和空间草图发展生成并用模型和草图的成果加以表现。模型和草图是方案三维"现实"模拟的重要辅助手段。它们是方案设计者不可或缺的交流合作伙伴，对于委托人和决策人来说也是一种辅助理解的方法。一个仅在二维平面上推敲的造型方案，在其实质内容和解决策略上，也将停留在浅显的、平面的状态中。

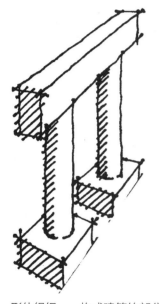

形体组织——构成建筑的部分

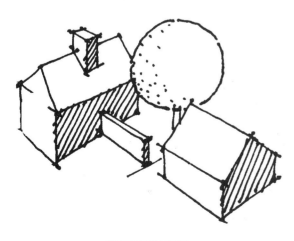

建筑群落的组织

建筑表达的空间环境绘画应用示例

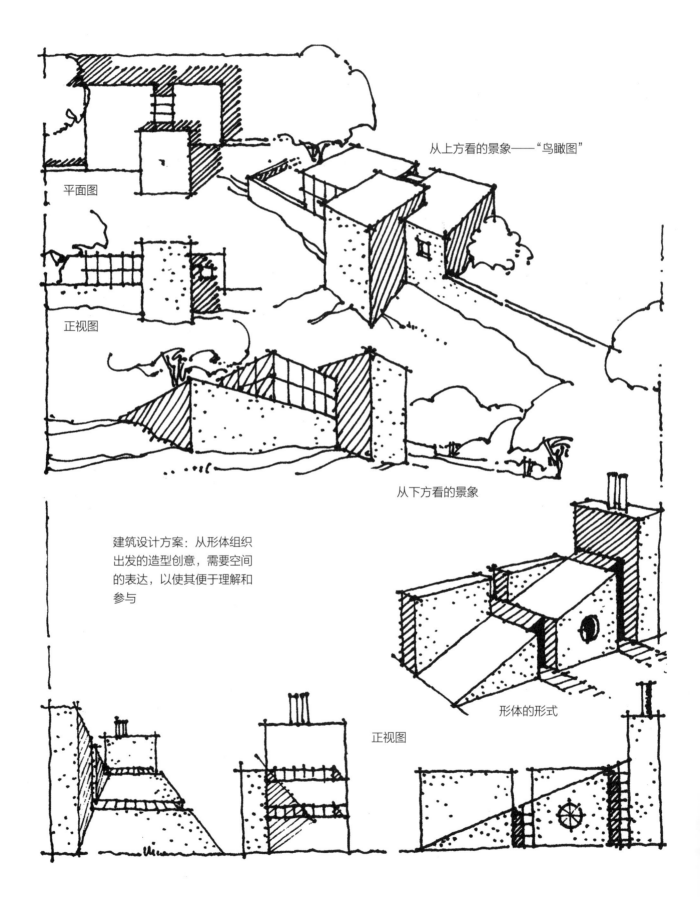

平面图

从上方看的景象——"鸟瞰图"

正视图

从下方看的景象

建筑设计方案：从形体组织
出发的造型创意，需要空间
的表达，以使其便于理解和
参与

形体的形式

正视图

模型制作是一种需耗掉更多的时间和费用的方案设计手段，因此一般只在重要的工作中或成果阶段才被有限地利用。

空间环境草图能激发人对方案不可遏止的快速反应能力，在图像的构思过程中（像电影放映一样），引发原发的想法，抓住构思创意（方案设计过程证明了这一点），最后，方案会在这些画面中浮现出来。

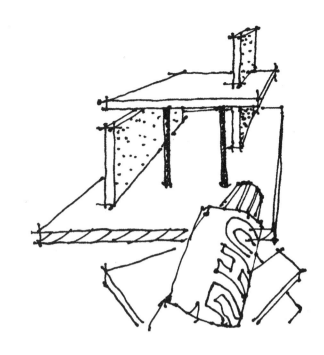

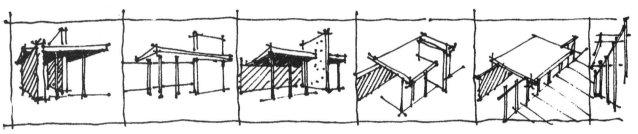

方案研究——造型创意的"系列作品"（15分钟）

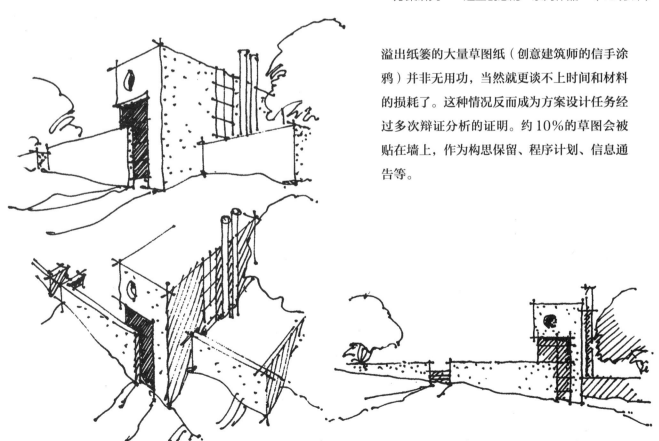

溢出纸篓的大量草图纸（创意建筑师的信手涂鸦）并非无用功，当然就更谈不上时间和材料的损耗了。这种情况反而成为方案设计任务经过多次辩证分析的证明。约10%的草图会被贴在墙上，作为构思保留、程序计划、信息通告等。

空间环境绘画空间和物体的表达应用示例

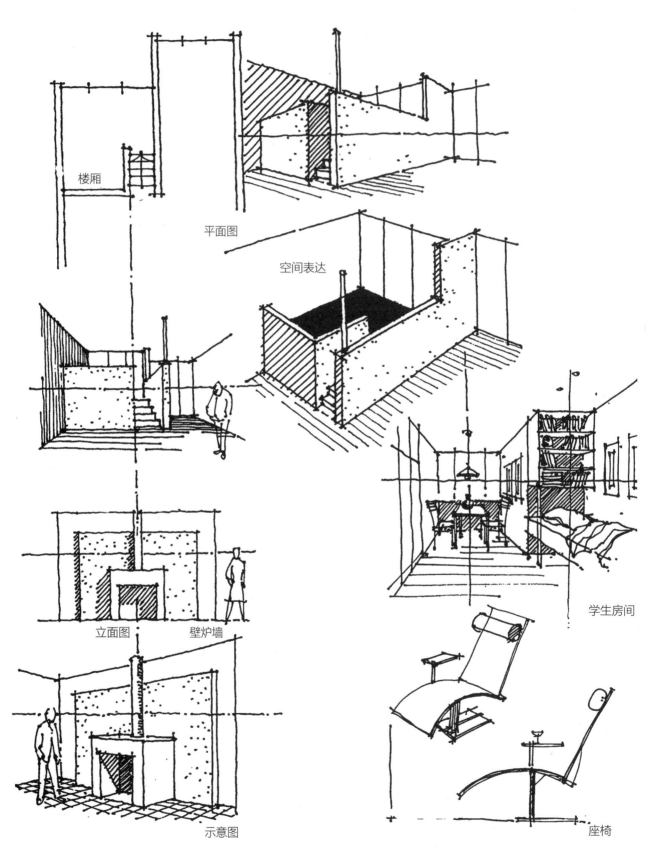

楼厢

平面图

空间表达

立面图　壁炉墙

学生房间

示意图

座椅

眼睛——感知与表达

空间想象是空间表达的前提。所以，了解我们的眼睛如何把握空间是非常必要的。

相信每个人都与照相机——人眼知觉方式的仿制品——打过交道，通过取景器获得的景色再现了一个清晰的景框内的画面。随着快门的轻轻一按，一个精心选择的画面就被固定了下来。

为了便于空间的表达，必须将我们的眼睛专注于一个景框。眼睛的每一次运动都将与一张新的照片（或一幅图画）相匹配。

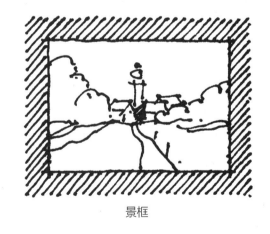

景框

图片序列

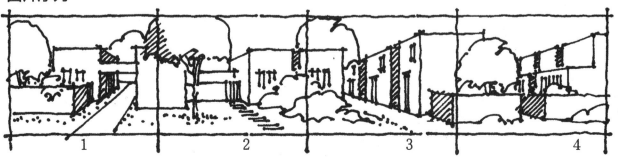

视点变换、景框

空间环境绘画城市建筑、城市形态构成技术性平面图应用示例

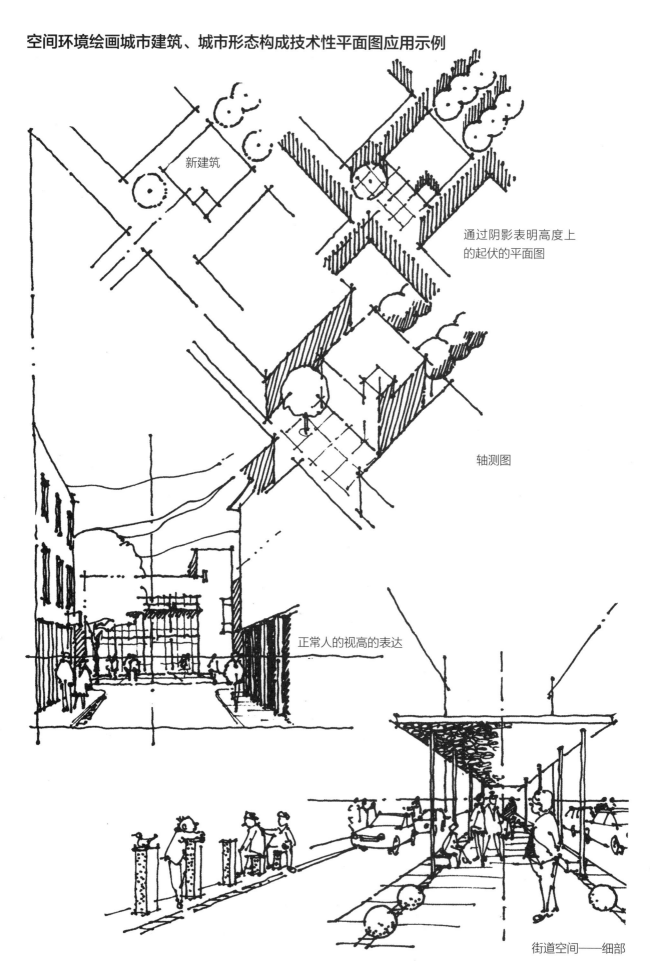

新建筑

通过阴影表明高度上
的起伏的平面图

轴测图

正常人的视高的表达

街道空间——细部

现代的照相机可以通过焦距（Zoom）来变换画面的距离和大小，而我们的眼睛则不能。我们必须靠近或远离物体。但两者相同的是，无论是通过移动身体还是改变焦距，我们都是在再现空间图景。我们需要选择或近（细节）或远（整体）的画面。

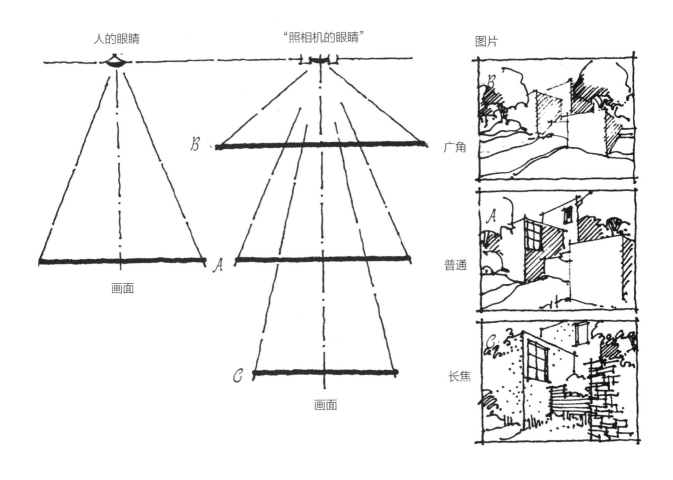

对绘画实践工具和纸张的建议

成功地徒手绘制图画或草图的重要前提是：建立绘图工具和纸张之间的"友好"关系。即使是经过训练的手用硬铅笔在餐巾纸上画图也注定一事无成。不要使用错误的材料，以免造成不必要的困难。要实现笔和纸的和谐一致，使手变得轻松，最好自己尝试。因为每个人的手都会通过不断的尝试，显示出仅属于本人的独到优势。

值得推荐的绘图工具

——铅笔，尽可能软（2B ~ 8B）

——石墨铅笔和粉笔（适用于大的和不十分精细的草图）

——软的、非尖锐笔尖的钢笔（或与此类似）

——彩色铅笔（最好用也是最贵的）

——毡头笔（避免有毒的颜料）

——钢制笔尖的绘图笔（适合于熟练的绘图者）

值得推荐的绘图和草图用纸

——多功能的速写本

——供液体原料绘图工具使用的有粗糙表面和吸水能力的纸（包括啤酒杯垫）

——坚固的厚纸，光滑的或专为铅笔和彩色铅笔制作的（至少 80 克）

——粗糙的、有吸水力的、较重的、洇水的水墨画纸和水彩画纸

——画黑白图画，可用有淡淡颜色的纸

速写是一种非常个性化的表达方式，它可以伴随一次交谈、重现一些意图思路、记录场所环境。因此，建议人们经常携带一个轻便的速写本。这类速写本的集合将成为思想、创意和印象的编年史。速写本所用的纸大多适用于所有常用的绘图工具和表达方式。

不要这样画！

同样重要的是，绘画者要注意手、手臂和上半身的放松。绘画的手沉重地放在纸上，永远不可能画出轻松、流畅的线条；胸部紧紧贴在桌边，手臂就不能顺畅地运动。

在长时间的绘画工作中，人们应该有规律地调整状态，放松手和手臂，并活动手指使其血脉畅通，短暂的休息可以使人缓解压力、精神饱满地重新投入工作。

这是正确的方式！

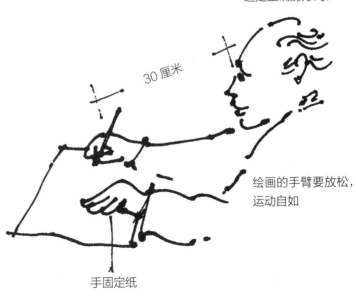

30 厘米

绘画的手臂要放松，运动自如

手固定纸

空间环境绘画指南

毫无疑问，在开始"绘画规则"的课程之前，速写本和合适的绘图工具应该已经准备好了。"在做中学习"的基本原理在此同样勿毋庸置疑。

空间环境绘画工作要求人们有足够的耐心，要想获得明显的进步，必须勇敢地克服困难，抓住一切机会，练习、练习、再练习。速写本应该永远放在触手可及的地方。通过速写本，等待的时间可以有意义地度过；冗长无聊的讲话或报告变得更易于忍受；电视机前的时光也可以是有益的。

规则 1　纸上画线——线网 / 线条练习

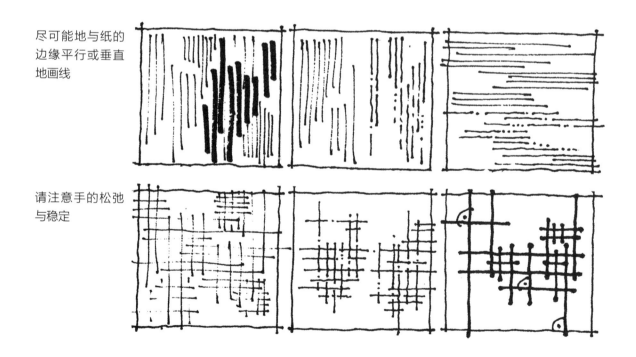

尽可能地与纸的
边缘平行或垂直
地画线

请注意手的松弛
与稳定

规则 2　图画——画面（取景窗）的确定

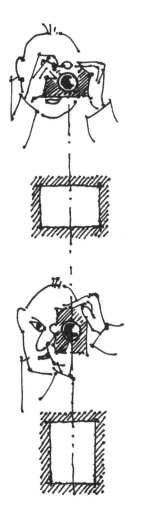

摄影中的画面选择
与此不同

要克服面对空白画页时的恐惧心理，可以用肯定的线条概括地画出画面——"取景窗"，这样做的同时也就"占据"了纸页。

"取景窗"的形式或横向或竖向，但应围绕着画面的题材预先确定。

练习示例

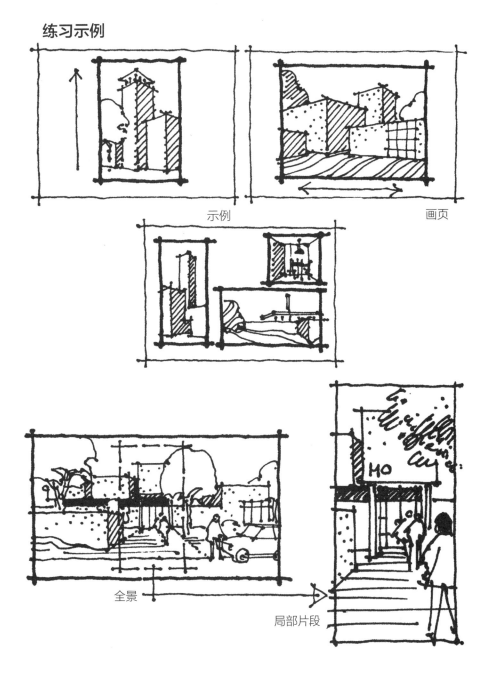

示例　　　　　　　　　　　　　画页

全景

局部片段

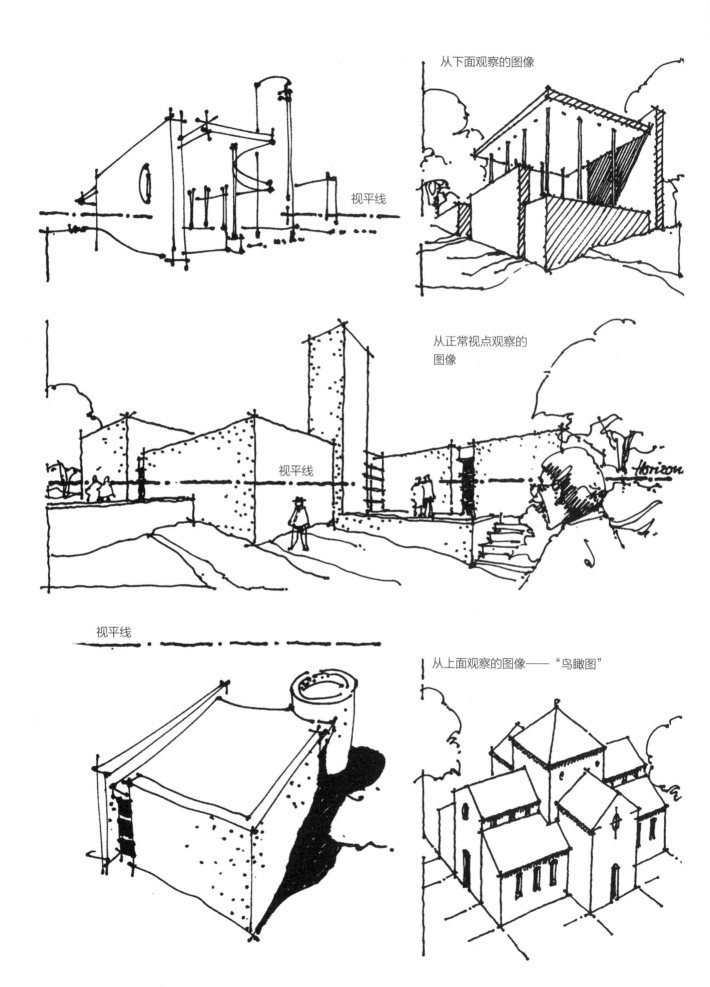

从下面观察的图像

视平线

从正常视点观察的
图像

视平线

视平线

从上面观察的图像——"鸟瞰图"

规则 3　视平线的确定——眼睛的高度

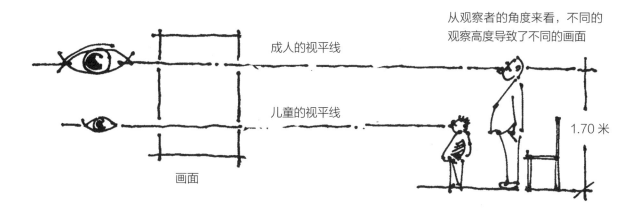

成人的视平线

儿童的视平线

画面

从观察者的角度来看，不同的
观察高度导致了不同的画面

1.70 米

对于我们所要表达的内容来说，视平线的确定是一个非常重要的先期工作。人们必须表明，作为观察者，他的观察位置相对之所在。他是从下面（如青蛙）、从上面（如飞鸟）还是完全正常地直立，眼睛直视空间或物体。确切地说，视平线的位置甚至表现了人是近距离站在空间中的某个位置上（大），还是从远处在看某个物体（小）。

因此，预先设想好的视平线肯定是人们在画纸上（在取景窗中）所画的第一根线。永远不能忘记视平线的存在，因为作为视平线的这根线——总是水平线——在完成一幅图画的过程中会提供重要的支持。这根水平线是一根非常有用的"分类线"，通过它的帮助，人们在绘画的过程中，很容易对画面中，哪些东西必须低于或高过这根线进行分类整理。

比例关系

门前的人们
沿着视平线的远近的表达

观察者的视平线

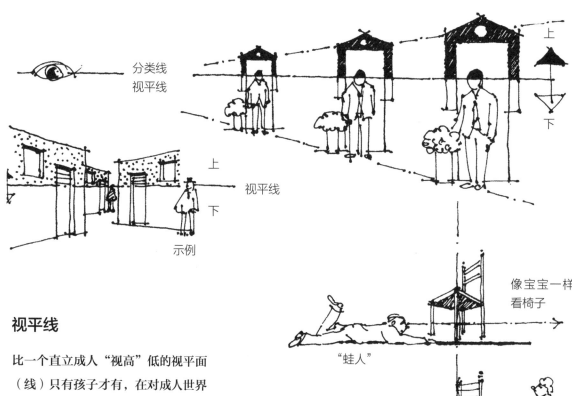

分类线
视平线

上
视平线
下

示例

视平线

比一个直立成人"视高"低的视平面
（线）只有孩子才有，在对成人世界
事物的表达中，很少用到。

一个成人的"视高"的视平面（约
1.70 米）是与我们每天的日常感觉
相适应的，因此在空间的表达中是最
常用的。

"鸟瞰"的视平面适合对事物尽可能
地进行整体和全局（利用微小的变
形）的把握。

这种观察方式作为一种表达手段，
主要适用于清楚地表现出复杂地组
合在一起的事物。

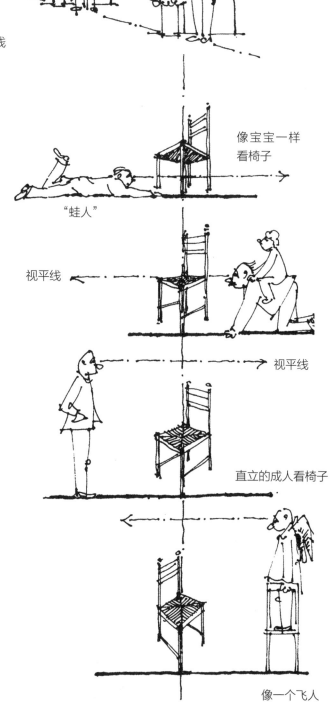

像宝宝一样
看椅子

"蛙人"

视平线

视平线

直立的成人看椅子

像一个飞人

规则 4　面的绘制

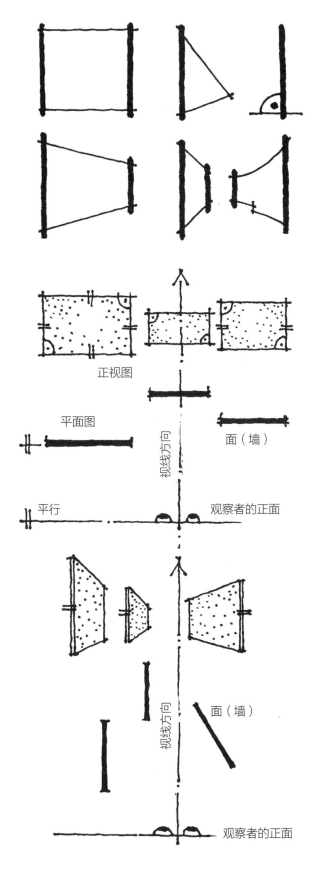

a. 构思方案中垂直的线在画中也总是垂直的，而其他所有的线的位置和方向都会变化。

b. 平行于人的面，在空间环境绘画（草图）的表达中，作为矩形它的任何一边都不会变短。

正视图

平面图

面（墙）

视线方向

平行

观察者的正面

c. 在画面的深度上逐渐远离观察者眼睛的面，画的时候会变形（主要变成斜方形）。

面（墙）

视线方向

观察者的正面

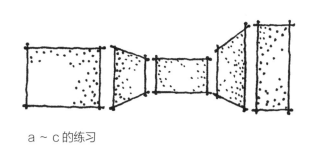

a～c 的练习

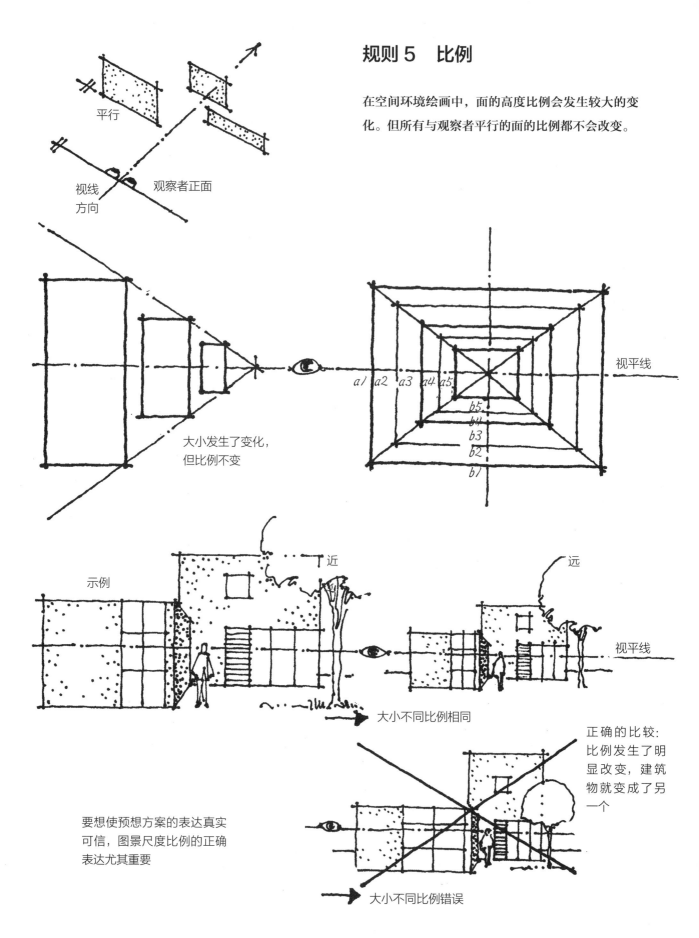

规则 5 比例

在空间环境绘画中，面的高度比例会发生较大的变化。但所有与观察者平行的面的比例都不会改变。

平行

视线
方向

观察者正面

视平线

$a1$ $a2$ $a3$ $a4$ $a5$

$b5$
$b4$
$b3$
$b2$
$b1$

大小发生了变化，但比例不变

示例

近

远

视平线

大小不同比例相同

正确的比较：比例发生了明显改变，建筑物就变成了另一个

要想使预想方案的表达真实可信，图景尺度比例的正确表达尤其重要

大小不同比例错误

规则 6　中心透视表达

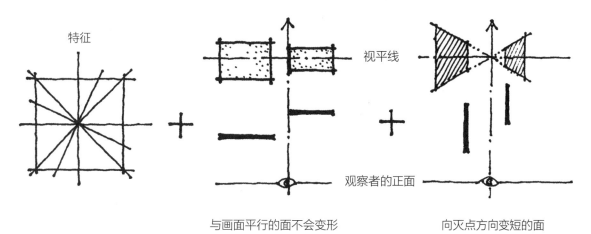

特征

所有与画面垂直
的线、面，都汇
聚到一个"中心"
灭点上

视平线

观察者的正面

与画面平行的面不会变形

向灭点方向变短的面

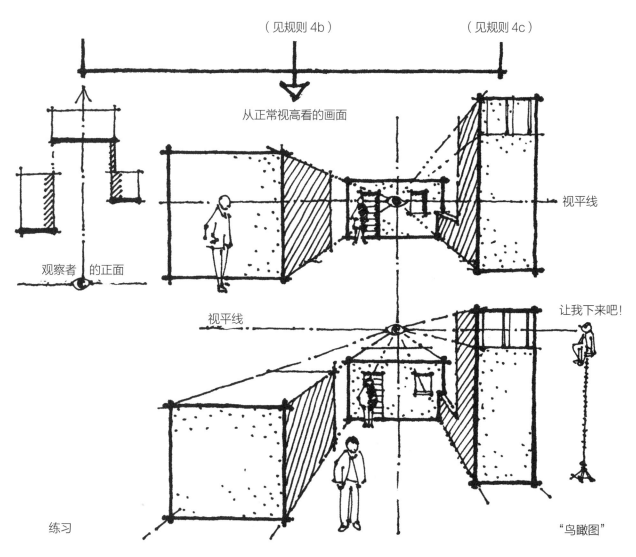

（见规则 4b）　　　　　　　　　（见规则 4c）

从正常视高看的画面

视平线

观察者　的正面

视平线

让我下来吧！

练习

"鸟瞰图"

中心透视草图

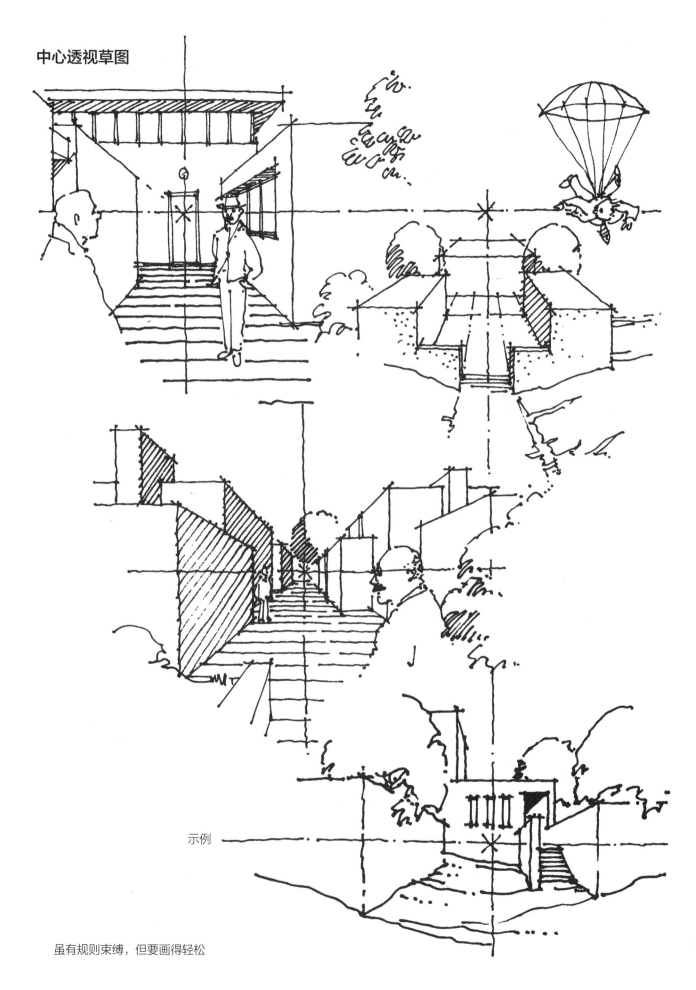

示例

虽有规则束缚，但要画得轻松

放松练习

观察者（绘画者）的立点（视点）

示例：
在中间或在一边的街道空间
图景
非正中间的观察点往往使画
面更具视觉张力

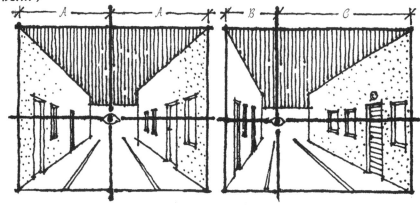

正中的观察点（视点）
两侧的空间界面同等重要
——强调空间的深度

在一侧的观察点
强调右侧的空间界面，其形态特征
被更加精细地描绘出来

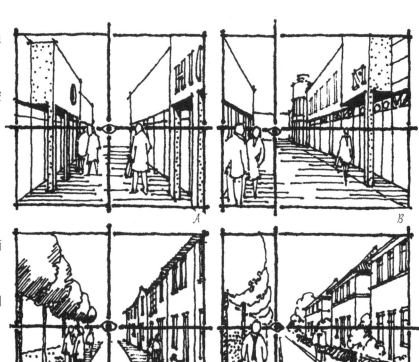

A 造合于两侧的空间界
面同等有趣的情况

B 适合于强调一侧的空
间界面的情况

A 树木序列与建筑立面
同等重要

B 强调建筑，树木序列
仅作为空间限定

A 分析研究空间庄重的
对称性

B 强调的是为这一空间
所设计的右侧的墙的
形态

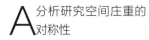

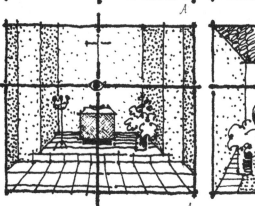

观察者（绘画者）的视平线

视平线位置确定的主要根据：

——被描绘的物体是低的、水平方向的还是高的、垂直方向的

——观察者是近距离观察还是远距离观察

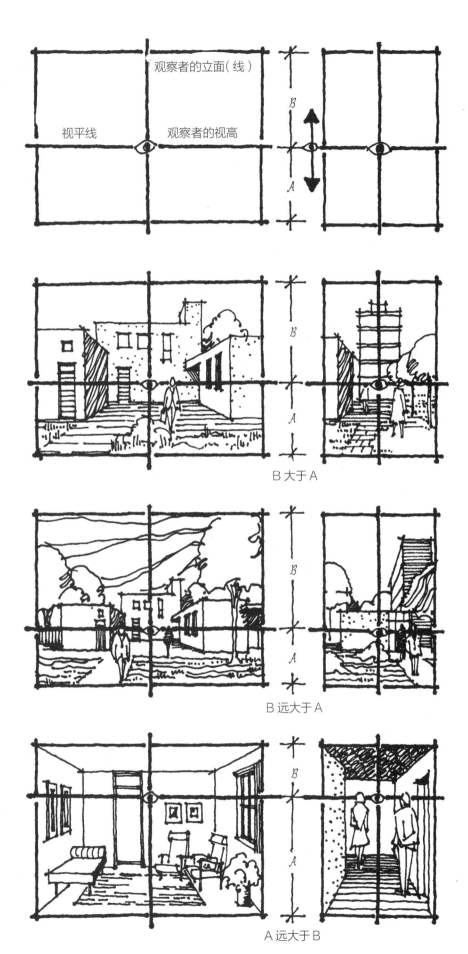

观察者的立面（线）

视平线   观察者的视高

进一步来说，观察者在近距离观察物体，画面表达专注画中物体本身，个别的细部的事物就可以被描绘出来；视平线在画面的中间范围

B 大于 A

观察者站得足够远的话，他就能获得事物——这里是建筑群——和周围环境的整体印象；相对来说，观察者越小，视平线越低

B 远大于 A

观察者在某个空间环境之中，所有被描绘的东西都很近；相对来说，观察者越大，视平线越高

A 远大于 B

规则 7　视角、视野

观察者看得到什么，看不到什么，或者换句话说，哪些是观察者在草图中必须表达的呢？

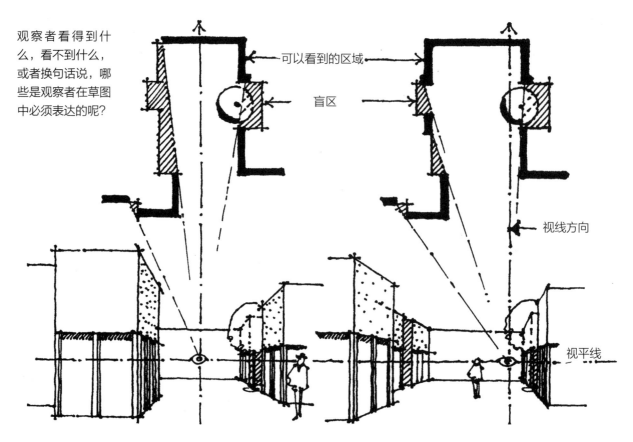

可以看到的区域

盲区

视线方向

视平线

从不同的立点（视点）观察，建筑群可看到的部分也不同

我们建议在绘制复杂的空间界面和形体关系时，用平面图加以检验，以确定哪些部分从观察者的视点看过去是可见的。进一步说，选择哪些视点，可以把事物的标志性特征表达出来。

视点的选择必须考虑人眼的视角在宽度和高度上的限制。清晰的视觉范围对画面在视知觉上的正确性和可信度来说是十分重要的。

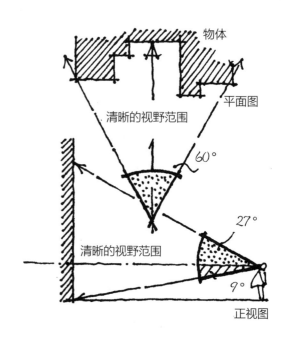

物体

平面图

清晰的视野范围

60°

清晰的视野范围

27°

9°

正视图

视点和合适视角的选择（视野）范围

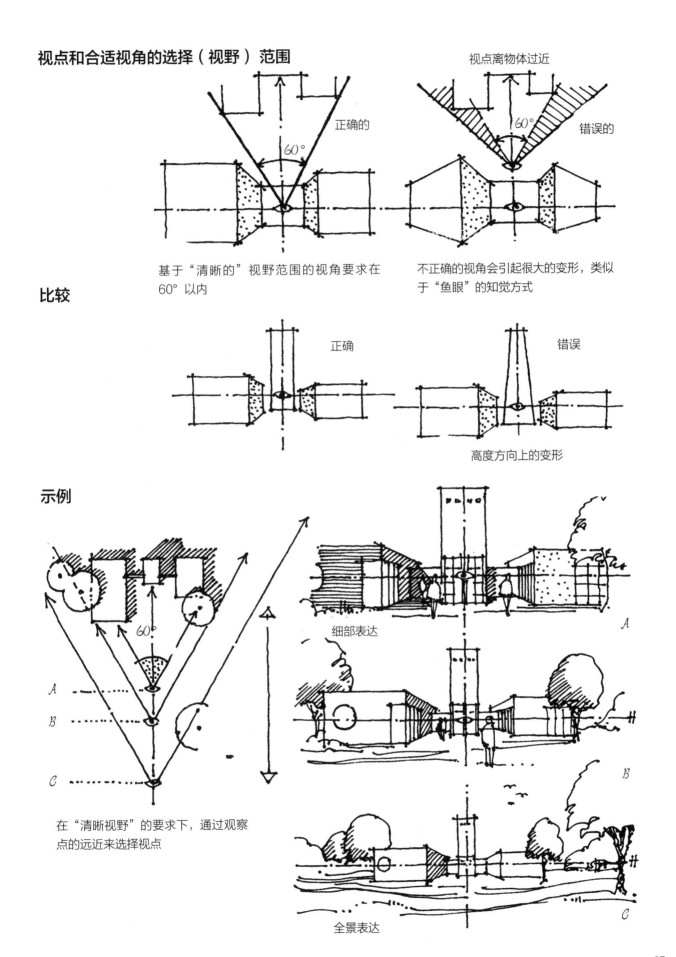

视点离物体过近

正确的

错误的

基于"清晰的"视野范围的视角要求在60°以内

不正确的视角会引起很大的变形，类似于"鱼眼"的知觉方式

比较

正确

错误

高度方向上的变形

示例

在"清晰视野"的要求下，通过观察点的远近来选择视点

细部表达

全景表达

规则 8　面和线的透视变短

垂直于观察者的面或线在空间环境绘画的表达中是缩短的（参见规则4c）。要精确地确定缩短的量，平面草图是很有帮助且必不可少的。从观察点引出的经建筑物转角的线，同平行于人的画面投影线相交，在这个投影线上可以定出与观察者垂直的面的缩短的量，并在画中物体的相互关系中确定出平行的面的大小。

另请注意：熟练的绘画者几乎可以完全放弃这类辅助性的绘图过程

辅助绘画

在画面投影线上，可以按比例关系绘出透视缩短的边的长度

辅助图可以用来控制那些体现明显特征的边、点（在例子中以⊙标出），点与点之间的部分在空间绘画中可以根据感觉基本精确地画出来

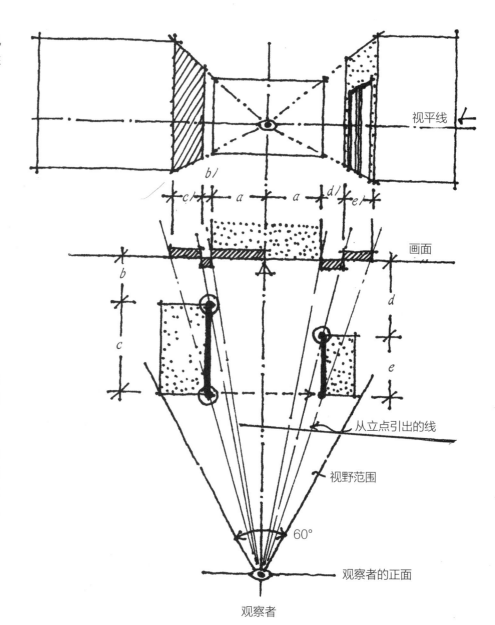

视平线

画面

从立点引出的线

视野范围

60°

观察者的正面

观察者

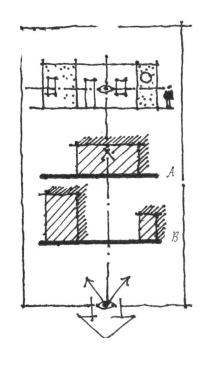

规则 9　确定图景的比例

作为构思方案的平面图、立面图，与我们所处的真实环境不同，它们是通过尺寸标注或按比例缩小的图景被识别和确认的。所以在空间环境绘画中表达出空间环境要素的比例关系是非常必要的（也是困难的），开始可以不受约束地画出一个面，但接下来其他的面就必须真实可信地与其相匹配。

在这里，人（身体）将成为一个基本尺度和比例控制的要素，其他物体的规格和比例都可以在与人的比例关系中加以体现。

有两种方法可以用来确定画中景物的尺度关系和正确的比例关系。

1. 人们首先可以将离观察者尽可能远的面 A 作为基准平面，由此可以从观察者的视角来确定远和近的关系，并同时设定出最终的画作是专注于表达细部（近）还是整体图景（远）。从画中这一比例关系确定的背景墙 A 出发，画中的其他部分就能通过透视线向观察者的方向以投影的方式画出来（注意透视缩短和比例）。

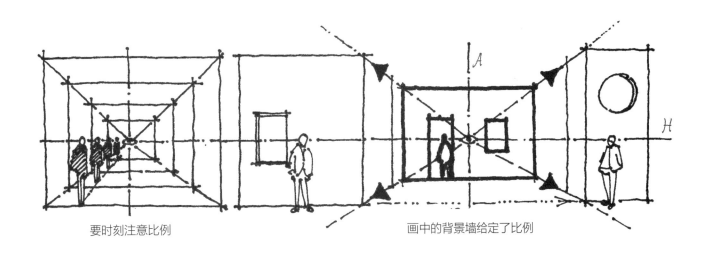

要时刻注意比例　　　　　　　　　　　　画中的背景墙给定了比例

2. 人们将离观察者最近的面 B 作为确定比例的出发点，然后再通过从观察者的位置向纵深方向
延伸的透视线来完善画面（同样要注意透视缩短和比例）。

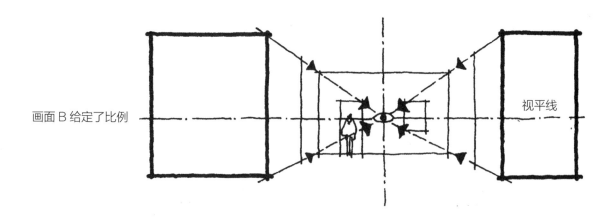

画面 B 给定了比例   视平线

空间表达的建立

①视平线和②观察点、
视线方向的确定

③通过人的眼睛高度的
数值选择比例

④人的脚底高度线要与
建筑面中的地面线相符

示例
绘画步骤
规则 3 ~ 9 应用的图景

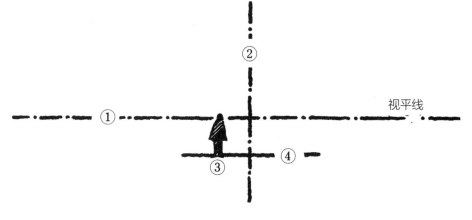

视平线

⑤在与人的尺度比较中
勾画出建筑墙面的高度
和宽度

建筑墙面的尺度和比例必
须同构想设想或者说设计
方案相符合

表达的基准点是远离观察者（绘画者）
的图景——背景墙 A

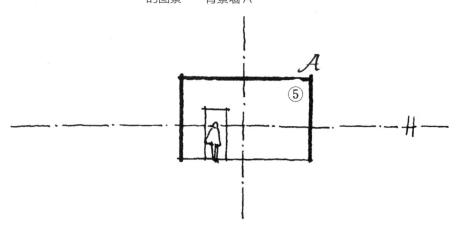

⑥从灭点起画透视线
⑦确定透视线缩短的距离，可能会用到辅助图（见规则8）

⑧完成左边的立面

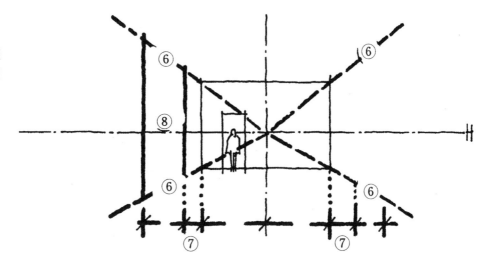

⑨画完与构思设计比例相符的正立面
⑩向透视线交点画辅助线
⑪完成右侧的立面（可能会用到辅助的草图以确定透视缩短）
⑫画完与构思设计比例相符的正立面

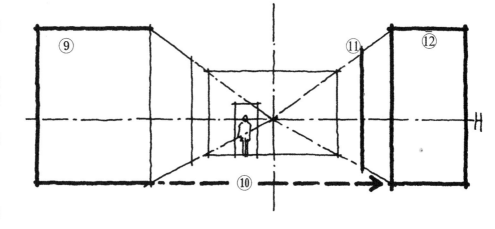

⑬沿门的高度画辅助线至墙角
⑭然后将其作为透视线继续延伸
⑮在左侧建筑的墙上画门

⑯利用辅助线画出窗高然后按正确的比例将窗（与方案相比）画完
⑰在右侧立面上画出圆窗

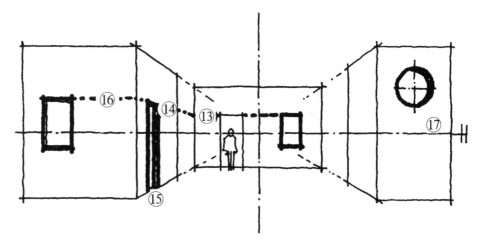

这一如此学院气的绘画步骤只是作为训练指导，便于以后能够画出个性化、草图化的图画

中心透视绘画步骤综述

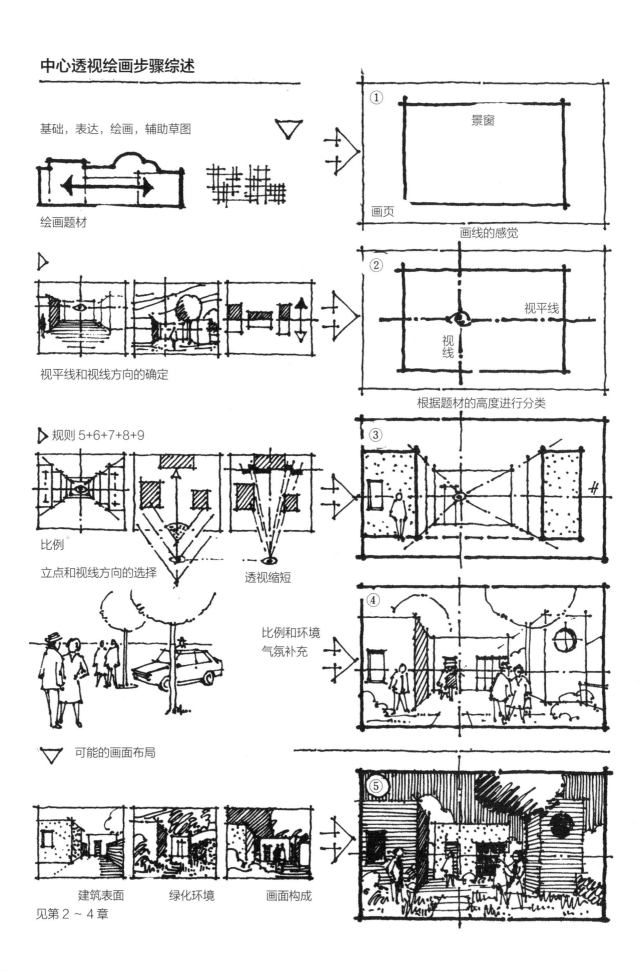

基础，表达，绘画，辅助草图

绘画题材

① 景窗

画页

画线的感觉

视平线和视线方向的确定

② 视平线

视线

根据题材的高度进行分类

▷ 规则 5+6+7+8+9

比例

立点和视线方向的选择

透视缩短

③ H

可能的画面布局

④ 比例和环境
气氛补充

建筑表面　　绿化环境　　画面构成

见第 2～4 章

⑤

规则 10　两个灭点的绘画表达

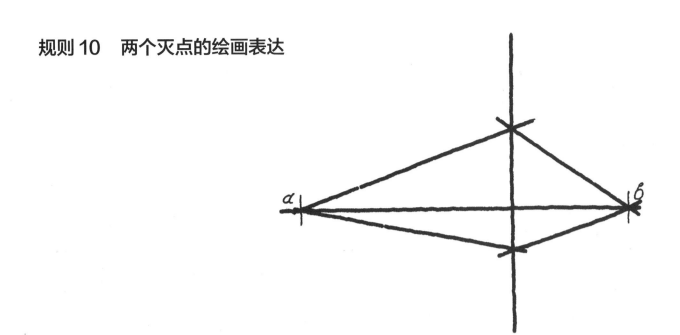

中心视点的透视图一直是用来表现室内空间、街道和广场空间的。如果希望
使建筑的形态构成、建筑形体与空间组合易于把握，两个灭点的透视表现形
式为表达形态组合的视觉张力提供了最佳的可能性。

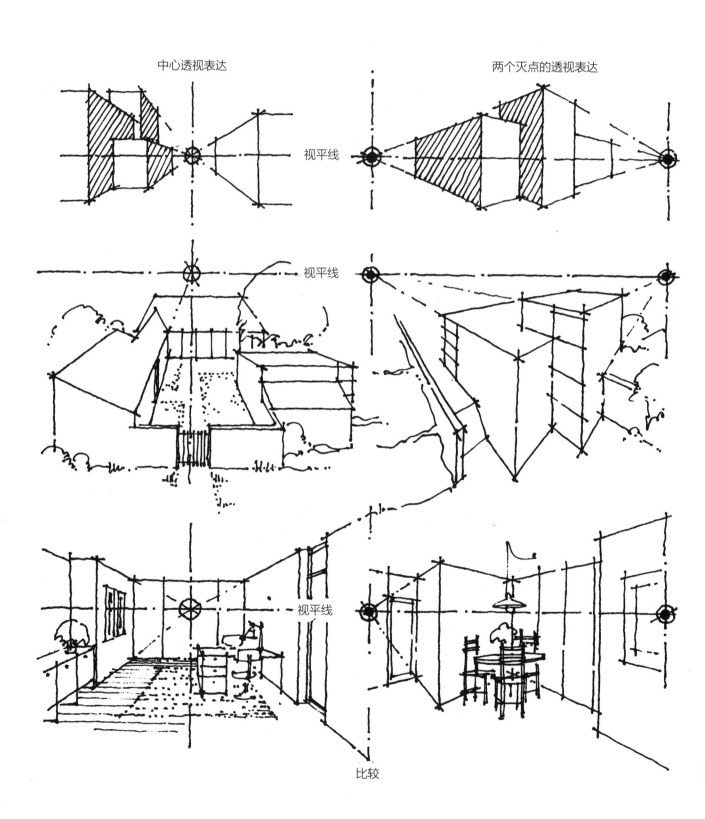

视平线位置的确定：根据灭点方向
将面组织、描绘出来

"视高"

示例

$45°$

a a

"蛙视图"

正常视高的透视图

"鸟瞰图"

FP1 FP2 FP1 FP2

$90°$

a a

$45°$

FP 1 FP2 FP 1 FP2

45

两个灭点的透视表达的应用
示例

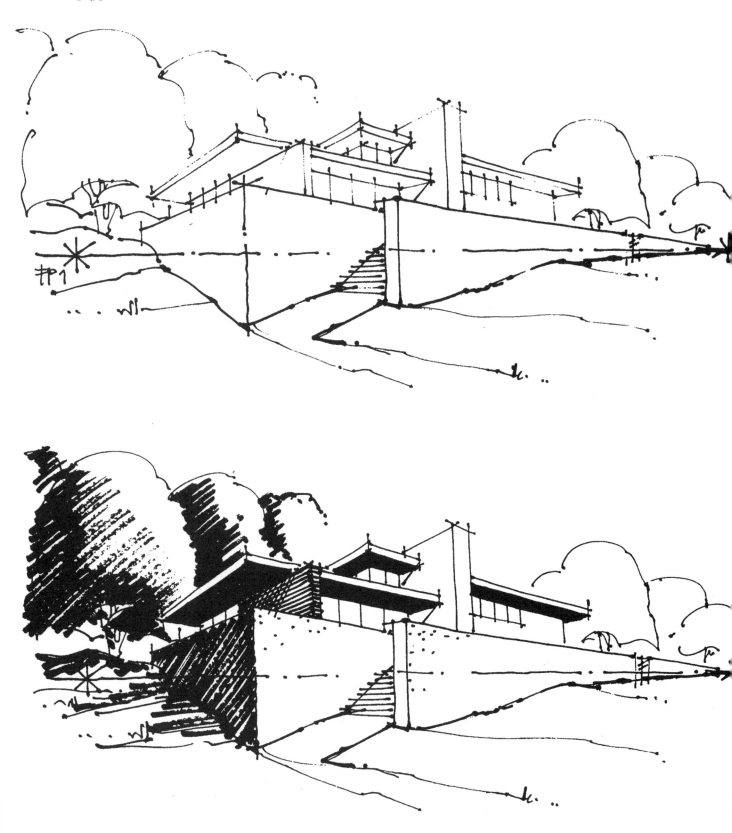

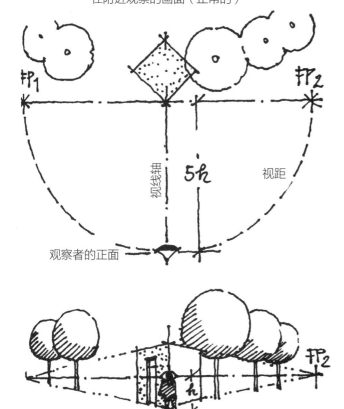

FP₁　FP₂

视线轴　2h　视距

观察者的正面

FP₁　　　　　　　FP₂

在附近观察的画面（正常的）

FP₁　　　　FP₂

视线轴　5h　视距

观察者的正面

FP₂

在远处观察的画面（广角的）

规则11　相对于画面中间（视线轴）的灭点位置

观察者与物体的距离决定了灭点到观察者视线轴的距离。观察者离物体的距离越近，灭点向画面中间（视线轴）移得越近，反之亦然。

要想使被描绘的物体表现得真实，必须特别注意，灭点不要离视线轴太近，否则会导致画面失真（像船头的效果）。

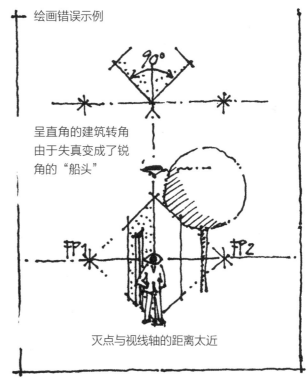

绘画错误示例

90°

呈直角的建筑转角由于失真变成了锐角的"船头"

FP₁　　　FP₂

灭点与视线轴的距离太近

对称与不对称的灭点位置视图

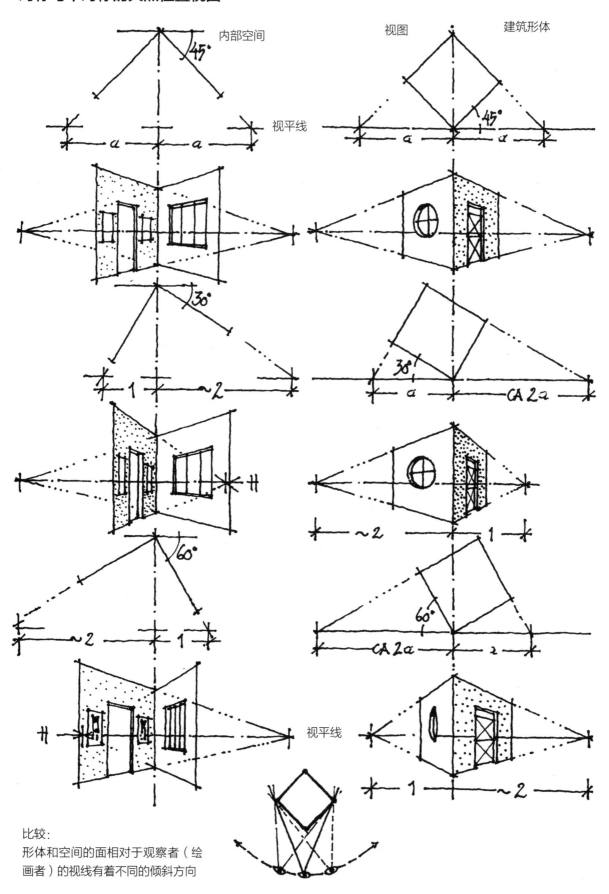

比较：
形体和空间的面相对于观察者（绘画者）的视线有着不同的倾斜方向

确定灭点距画面中心的距离应依据画面的比例

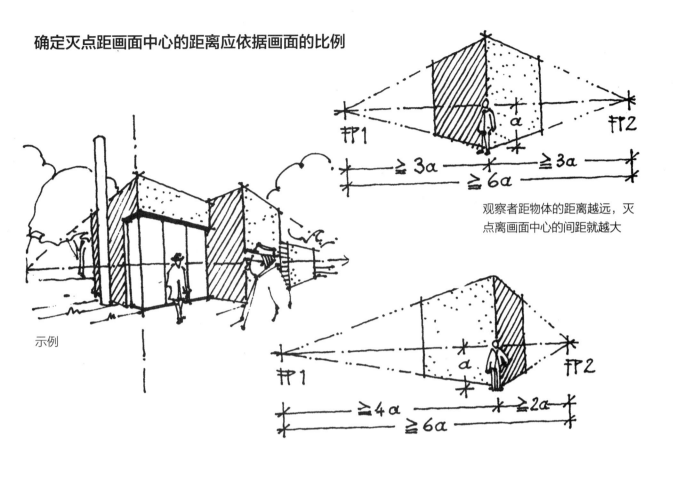

观察者距物体的距离越远，灭点离画面中心的间距就越大

示例

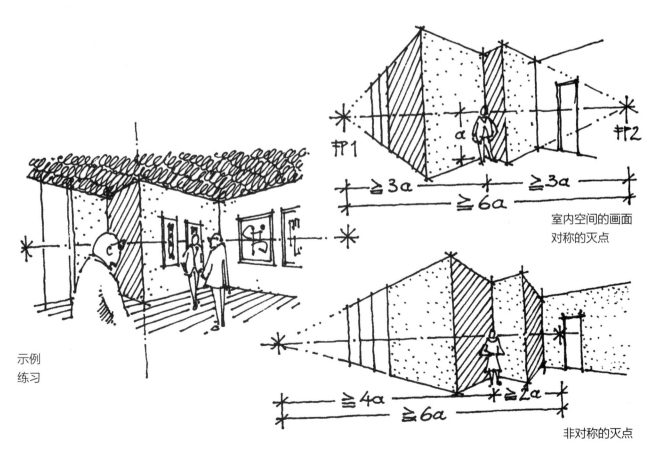

室内空间的画面对称的灭点

示例
练习

非对称的灭点

组合建筑的表达过程应用示例

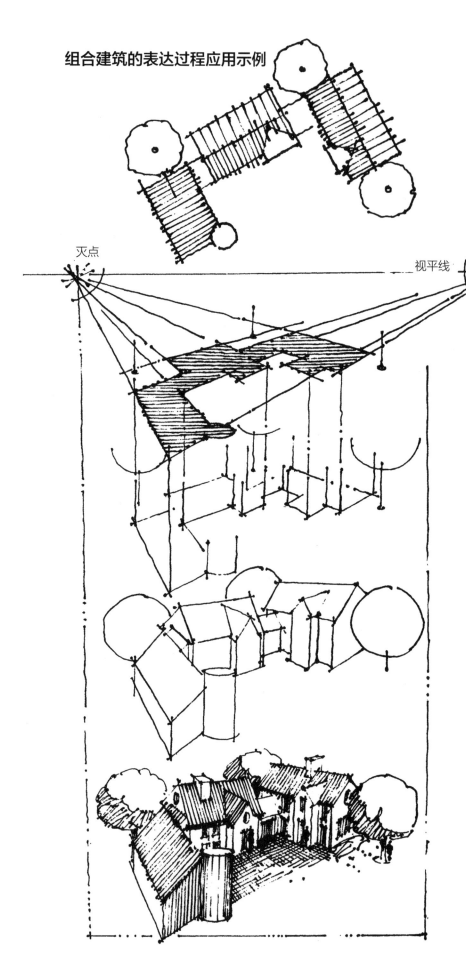

灭点

视平线

灭点

从建筑的平面图开始，可以画出建筑组合的视平线下的基底平面，这个基底平面在两个灭点（如果需要，也可能有更多的灭点）之间；在考虑到两个灭点的情况下，大体上要比例正确地完成竖向的线（墙）

地面的草图包括树木及其他的细部

最后通过自己的笔触展现出立体的、绘画性的效果

充满速写意味的补充，像屋顶上的退晕线、阴影、地面特征、人物等，能使画面最终表现得更加生动

灭点范围

视平线

错误的画法示例

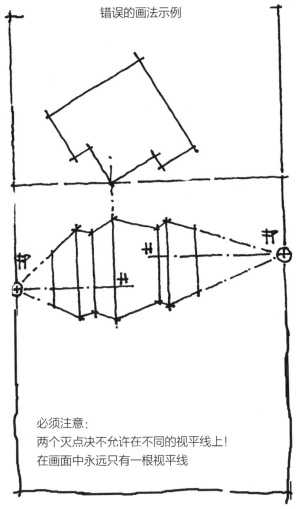

在快速地画草图的过程中，画出精确的线条既不可能，也无必要；重要的是，物体的边缘及它们的灭点都要趋向一个很小的范围，并且这个范围在同一高度（视平线）上

检验一个熟练的绘画者画的空间环境草图中的透视线，可以看到草图中并没有清晰可辨的灭点，但线的趋势是正确的，也就是说在视觉上是可信的

必须注意：
两个灭点决不允许在不同的视平线上！
在画面中永远只有一根视平线

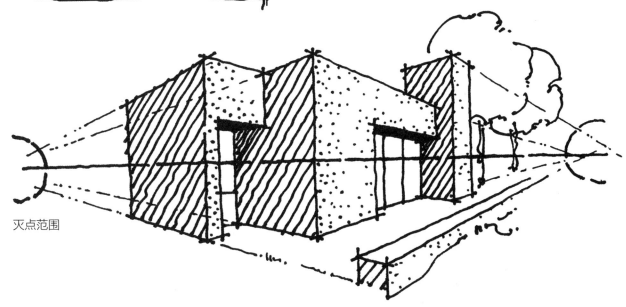

灭点范围

应用示例

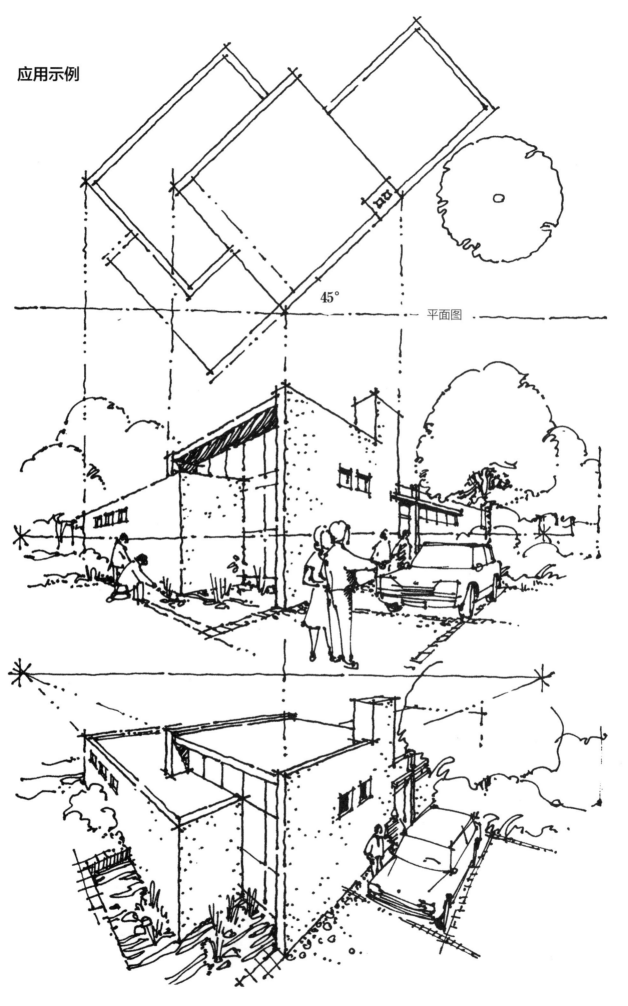

45°   平面图

平面草图

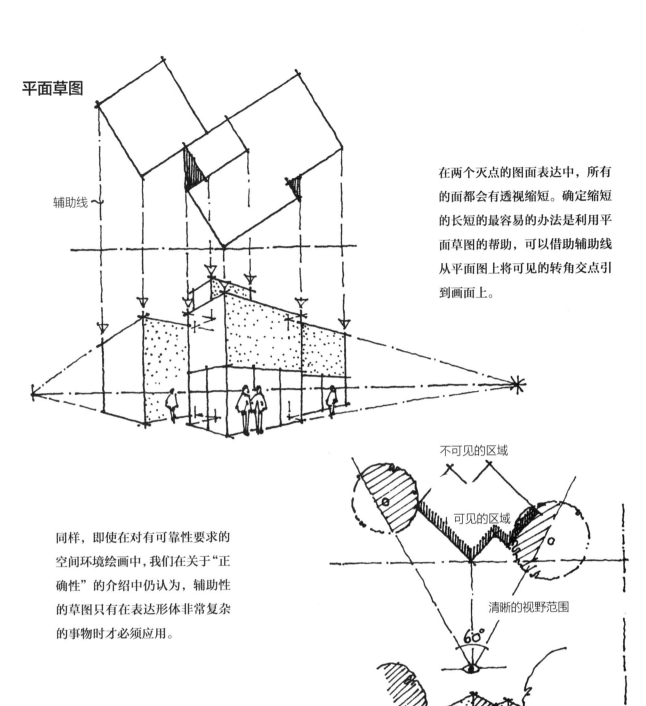

辅助线

在两个灭点的图面表达中，所有的面都会有透视缩短。确定缩短的长短的最容易的办法是利用平面草图的帮助，可以借助辅助线从平面图上将可见的转角交点引到画面上。

同样，即使在对有可靠性要求的空间环境绘画中，我们在关于"正确性"的介绍中仍认为，辅助性的草图只有在表达形体非常复杂的事物时才必须应用。

平面草图是一个有用的辅助方法，用来大概说明事物从不同的视点来看，哪些是可以观察到的，哪些处在盲区之内。

不可见的区域

可见的区域

清晰的视野范围

60°

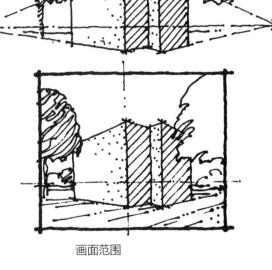

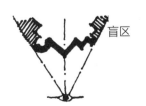

盲区

画面范围

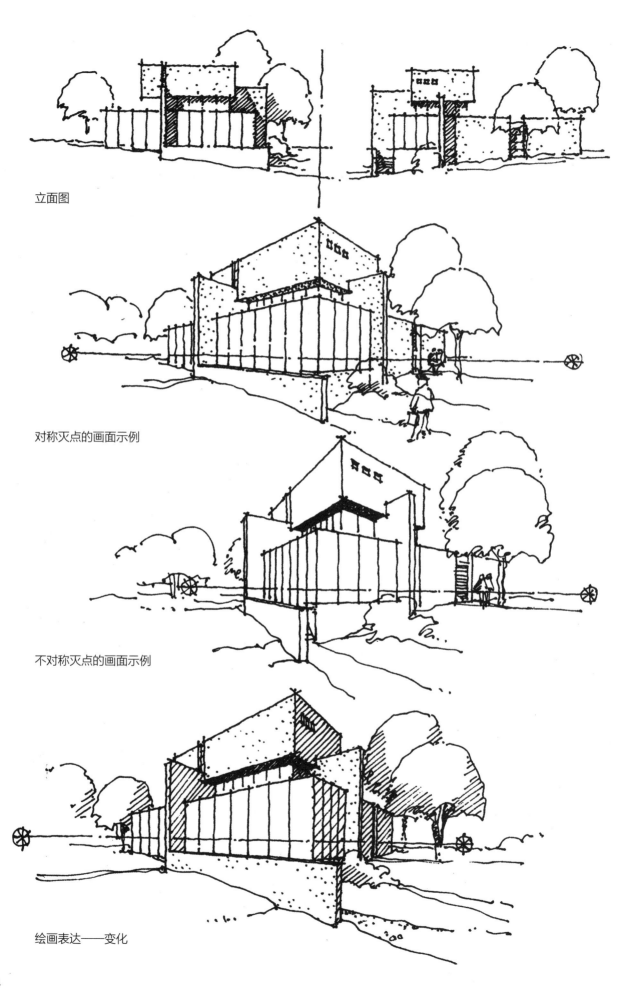

立面图

对称灭点的画面示例

不对称灭点的画面示例

绘画表达——变化

规则 12 空间环境绘画的完成过程——绘画步骤示例

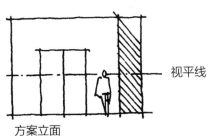

方案立面

视平线

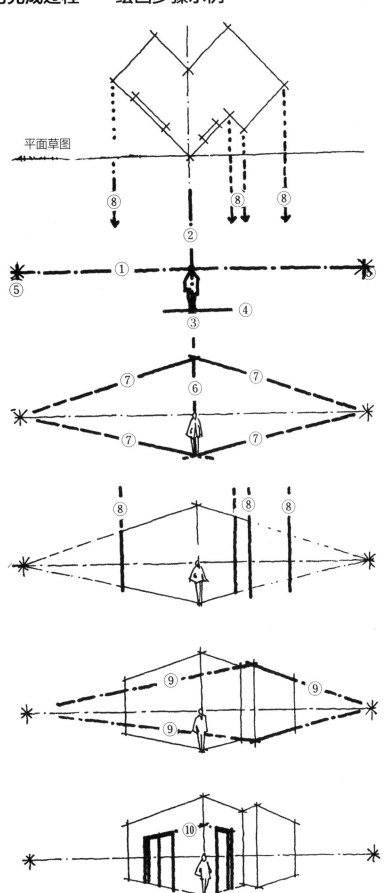

平面草图

①视平线和②立点、视线方向的确定

③通过成人视高选择比例

④人的足线与最前面的建筑的底线相同

⑤确定对称或不对称的透视灭点

⑥按方案设计的高度画出最前面的建筑边缘

⑦通过透视线画出建筑的墙面

⑧可见的建筑边缘（在画面中会有透视缩短）由平面草图中引出（如果需要的话）

⑨通过透视线将前面的建筑墙面画完

⑩将建筑细部（例如，窗和门）的高度在最前面的建筑边线（有比例的面）上标出，并且如果需要，利用引向灭点的辅助线或从平面草图上投影来的边缘线将这些细部画出

第二章 "理智"地速写——愉快而正确地画

试图将空间环境绘画的"语法"阐释清楚，可能会导向一种我们所不愿看到的结果，就是使人将表达的"正确性"理解成为一种枯燥乏味的、伤脑筋的和令人厌倦的绘画方式。而实际上，画草图不仅仅是为了工作，它也带来了乐趣。它带来了一种有价值的可能性，那就是将工作和娱乐紧密地联系起来。在本章中，我们会看到轻松的、自发的、个性化的图画，这也是学习的目的所在。这些例子令人激动。但同时，人们也必须记住，要勤奋地学习快速草图，要坚持不懈地努力练习。

以上这些话不是要将大家拒之门外，而是希望大家通过训练成型。

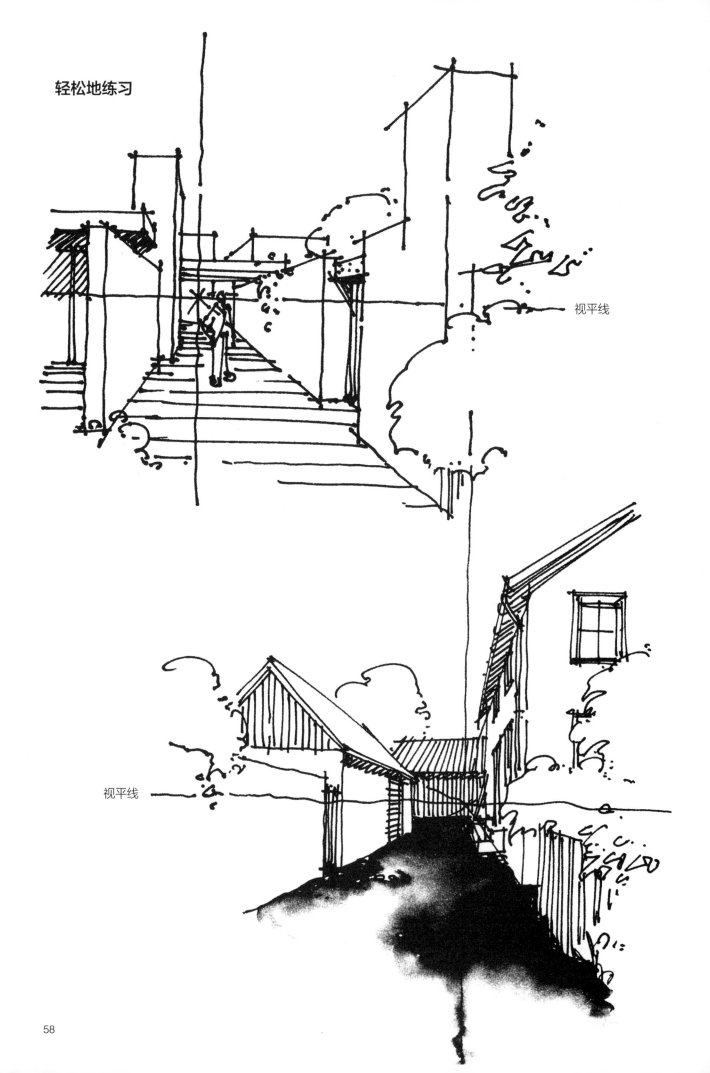

轻松地练习

视平线

视平线

应用示例

一个由一个主题建筑和相邻附房所组成的（居住）建筑的体和顶的表达过程

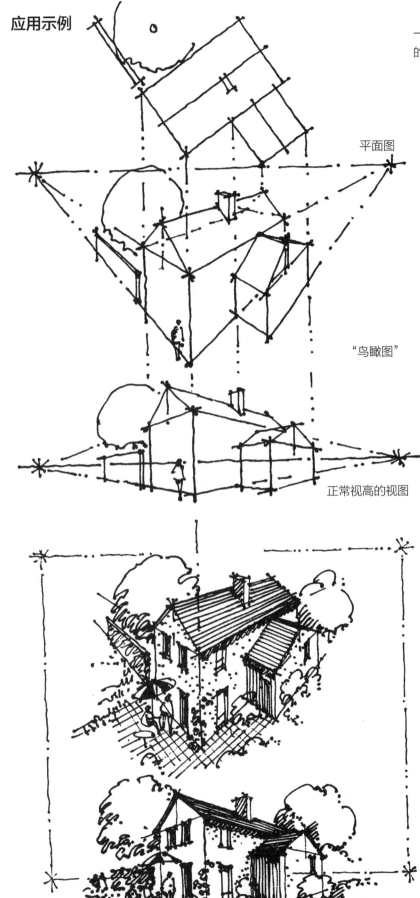

平面图

"鸟瞰图"

正常视高的视图

草图示例

"脑力工作"

用少量的但重要的辅助线概括地画出不同的体量，这对于按照视觉规律画出合适的透视图是非常有益的。如此绘出的"未经加工的建筑"可能提供了一个单个体量协调组合的好印象，也可能提示要做必要的修改。重要的是，辅助线应概略地轻轻画出，以便在对草图进行细节勾画补充时不必将其刻意隐藏起来。

"快乐工作"

接下来的工作是对这一尚未加工的草图，通过对细部、材料等的描绘加以补充完成，这也将使画面表现出个性效果和氛围特征。在这一绘画过程中，有许多可能的表达方法供选择，您应该选择符合个人喜好与能力的方式方法。

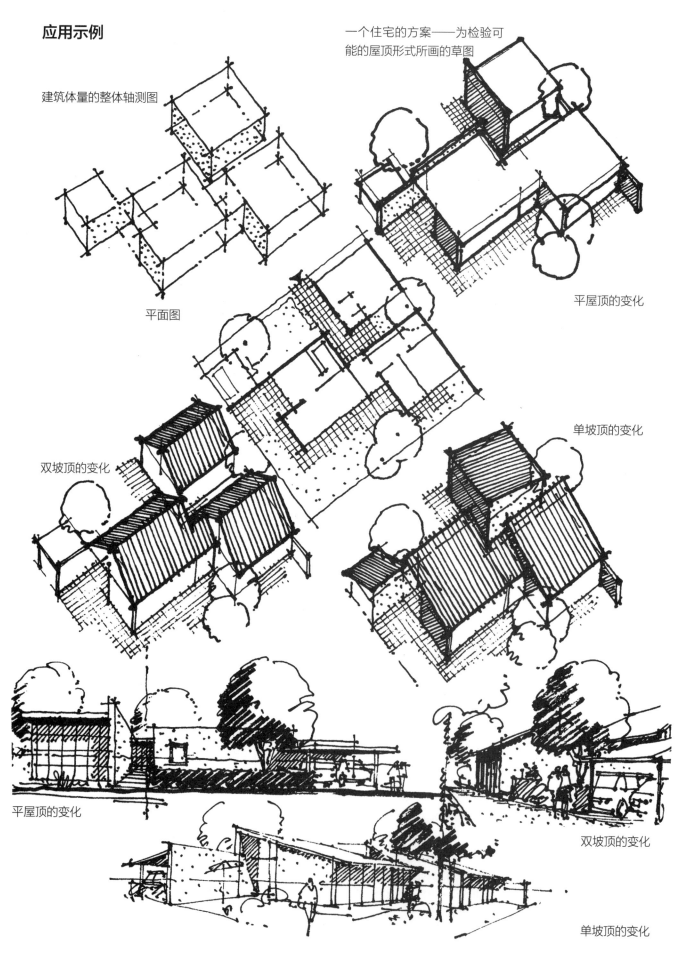

应用示例

一个住宅的方案——为检验可能的屋顶形式所画的草图

建筑体量的整体轴测图

平面图

平屋顶的变化

双坡顶的变化

单坡顶的变化

平屋顶的变化

双坡顶的变化

单坡顶的变化

应用示例

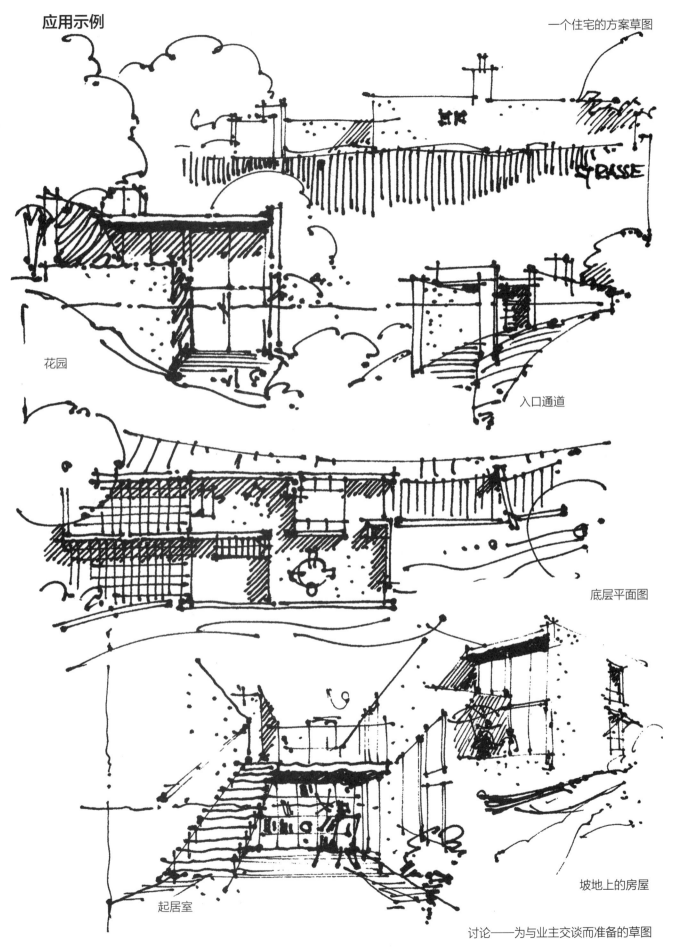

花园

入口通道

底层平面图

坡地上的房屋

起居室

讨论——为与业主交谈而准备的草图

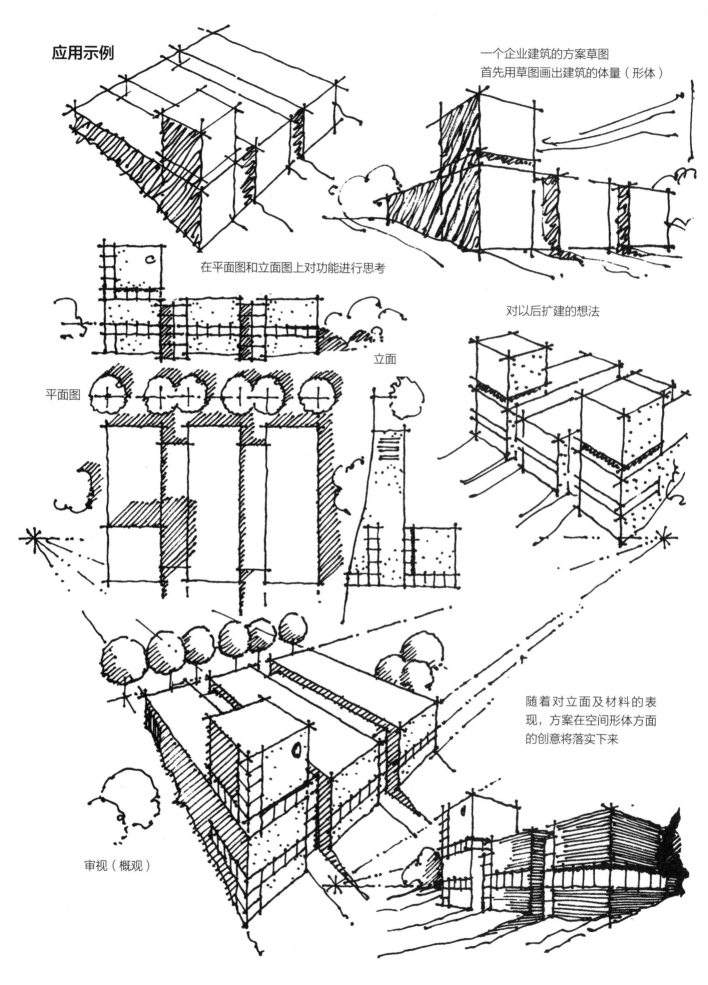

应用示例

一个企业建筑的方案草图
首先用草图画出建筑的体量（形体）

在平面图和立面图上对功能进行思考

对以后扩建的想法

立面

平面图

随着对立面及材料的表
现，方案在空间形体方面
的创意将落实下来

审视（概观）

阿姆斯特丹局部城市建筑更新改造方案设计研究

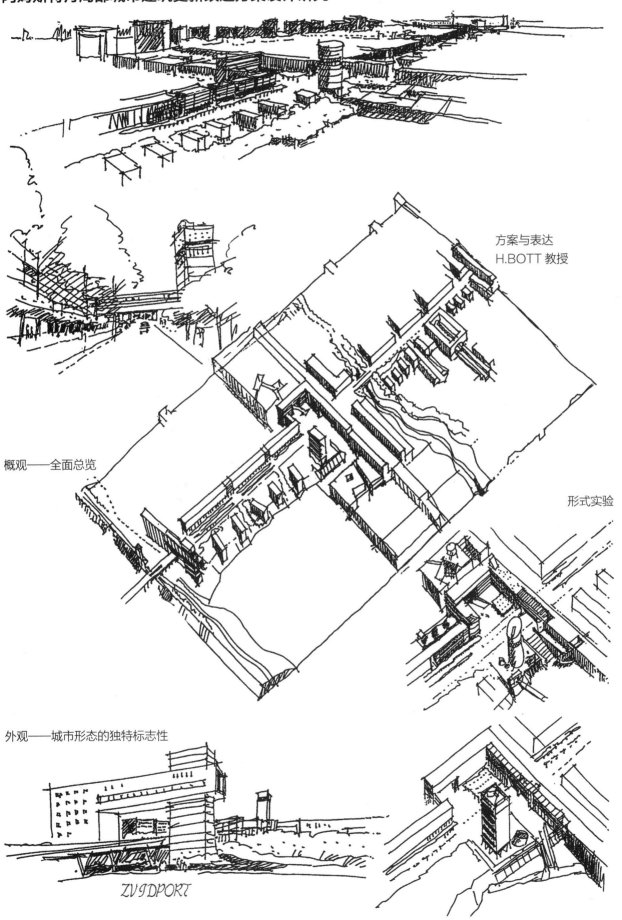

方案与表达
H.BOTT 教授

概观——全面总览

形式实验

外观——城市形态的独特标志性

ZVIDPORT

在全神贯注地思考与工作之后，经常会出现这样的情况：思想干枯，思路单一，草图重复，并且变得无力、失控。这表明，到了暂时休息以待灵感闪现，或去散步转移注意力的时候了。可以集中思想于语言表达，避开图画，发现新创意，也可以在半梦半醒之间松弛自己的意念想象。思想和绘图的手都要自由活动，使自己从理性的规则中解放一段时间。"空忙"的手可能偶然地、无目的地涂满了纸页——直到突然间，图形从纷繁的线条中呈现出来，顿感觉醒（就是它了）、休息结束。

第三章　画面构成及画面内容的强调
——绘画的方法及其效果

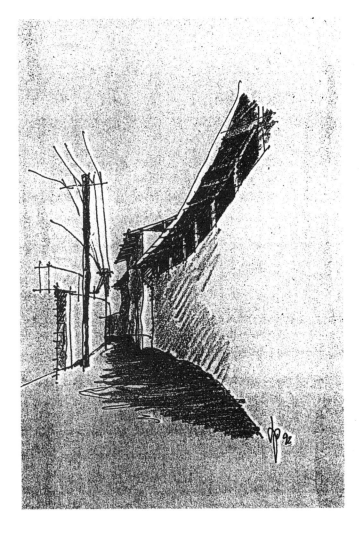

"所有的造型形态都是在源自于理性王
国的力量和源自于感性领域的材料之间
的一种相互作用"。

Fritz Schumacher

当我们将空间环境绘画理解为方案设计的辅助方法时，有一点必须清楚，造型创意的表现图必须同时使
理性表达与直觉感受两方面协调一致。草图必须成为"正确"的与现实相符的摹写，并同时表达出效果
意味。用绘画的方法量化地表达双重意味并不是简单的事情。

专注于表达的"正确性"，会使所有的感性的、氛围的表达内容遭到破坏，"绘画性"的过分自由发挥
又会导致所画的内容失真。

最主要的是，通过练习，人们可以接近将这两种造型语言成功地联系起来的目标，实现这一目标过程的
长短取决于绘画者努力的程度和天赋。

在这一章中，将为画面的形态构成提供一些建议和支持，使"绘画性"与"真实感"并存，并尽可能缩
短实现这一目标的道路。

绘画的方法及其效果

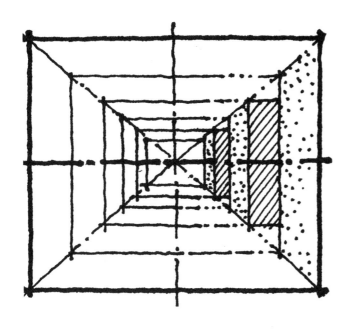

空间深度

在介绍空间环境绘画的效果表达时，对透视规律与法则的把握是重要的前提条件，空间和形体结构在深度变化上的表达，需要绘画方法的帮助与支持，这可以增强空间的纵深感，产生或近或远的联想。

建议参考第 70 ~ 88 页。

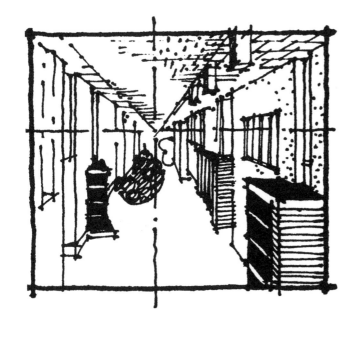

画面内容的强调

空间环境草图不仅仅是一种用来介绍作整体的空间与形体的表达方法，也适合引导观察者，将视线转移到方案的特性方面，转移到方案的个性化、标志性的形态上来。这里也提供了绘画方法，用以突出重要的内容、强调重点并将与此相反的其他部分限制在粗略的勾画之中。

建议参考第 89 ~ 92 页。

表达的生动性

现实地表达出人们生活居住的街道、房屋、空间环境，是有亲和力的还是庄重的，不仅在于要画出建筑的材质，更在于要把握住场所的氛围、建筑的感染力。通过对周围场地的绘画性的表达，通过对有意义指向的细部——如生动和实用的标识——的描绘，空间环境草图会有更加丰富的层次和更加丰满的内容。

建议参考第 70 ～ 92 页，第 103 ～ 108 页。

有显著特征的树

树荫下有老人休息凳　　有许多人的热闹区域

儿童活动　调皮的小狗　　联系交往　　购物逛街
自在地玩耍　　街上的愉快闲聊　买家注视着陈列品
　　　　　　　邻里生活

水，可以用来恢复精神和进行休闲活动

表面肌理，种植，人物

技巧较高的草图，仅运用很少的线条就可以把握住和表现出重要的内容。

在建筑的表达中，表现出物体的物质材料特征是常见和必要的。

表面肌理的构成——几何意义上的，或其有机组织的协调运作所产生的形式结构——会成为方案设计的重要性格特征。一面耀眼的白墙、一座灰色的砌体、一面玻璃的幕墙、一条铺石路面的街道、简洁的树冠或者厚重的衬景树木，对于在草图中表现方案的现实状态来说，都是有明显形式特征的画面要素。

建议参考第 95 ～ 108 页。

空间深度的强调

通过对一面或两面墙进行加重处理将视线引向灭点，使人产生空间的深度感

A

B

A. 空间边缘部分的天空会强化向深度方向的运动趋势，并将注意力引到建筑上来

B. 用绘画的手段强调引向灭点的升起或下降的线，会增强空间的整体感以及画面深度

A

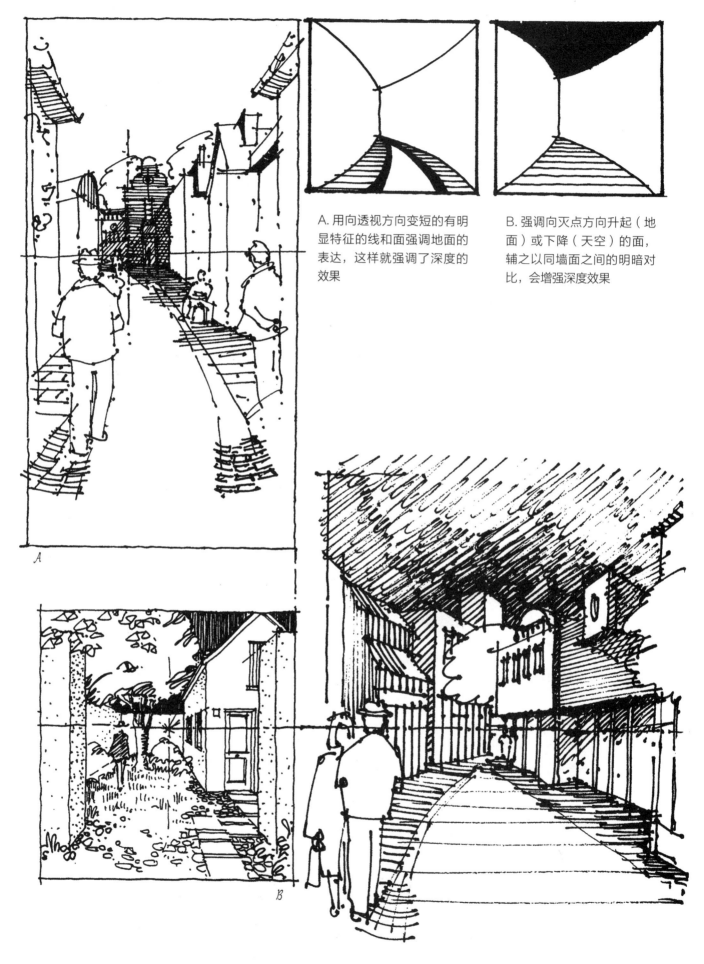

A. 用向透视方向变短的有明显特征的线和面强调地面的表达，这样就强调了深度的效果

B. 强调向灭点方向升起（地面）或下降（天空）的面，辅之以同墙面之间的明暗对比，会增强深度效果

A

B

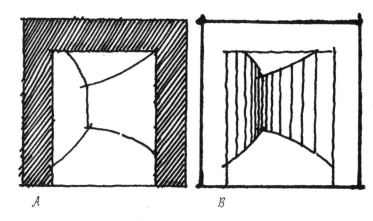

在场地前面的门指明了空间
的深度并将视线引向"景框"
中的景色

由于对前景的着力表现，相应地，
其他的画面部分就画得收敛一些；
若门的位置仅是简单地勾画，后景
就能相对着重体现出来

门的位置——在方案中提供了这样
的地方时——可以仅作为一种绘画
手段来使用；为了形成一种景框衬
托式的效果，门的位置经常是一个
较专业的视点选择

A

视平线

GORDEN CULLEN（人名）　　　　　　　选自《城市景现》

表达清楚画面的比例关系，以及比例尺
度在画面纵深方向的变化，有两种有效
的表达方法

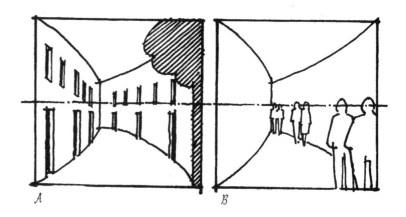

A. 突出（建筑）细部

B. 将人体作为尺度和画面的补充

A

A/B

重点画出细部（如窗、门、树木、材料）的大小，以及与观察者之间的精确距离，也就标明了画面的深度

前景的人物刻画出了空间的深度并使图画更具活力，也更清楚地说明了建筑是在后面的场地上

画面内容的强调

A. 中间的立点和灭点使两侧作为空间界面的墙具有了同等的地位

B. 偏向一侧的灭点突出了一侧的空间界面

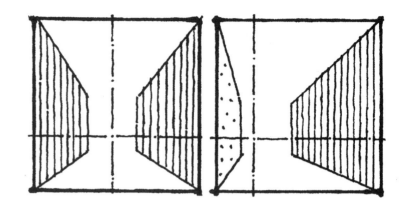

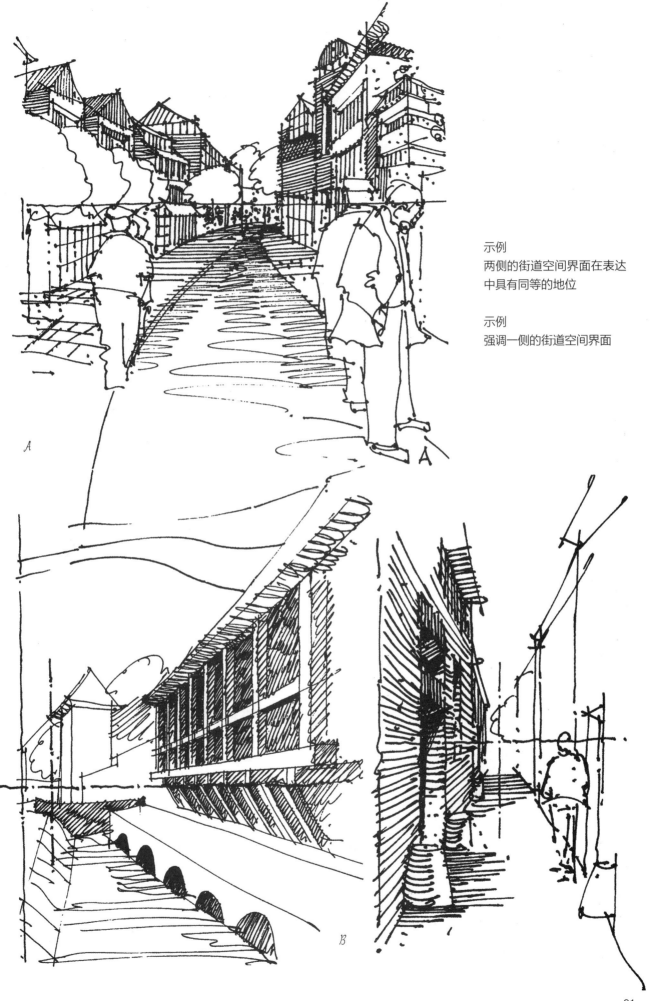

示例
两侧的街道空间界面在表达
中具有同等的地位

示例
强调一侧的街道空间界面

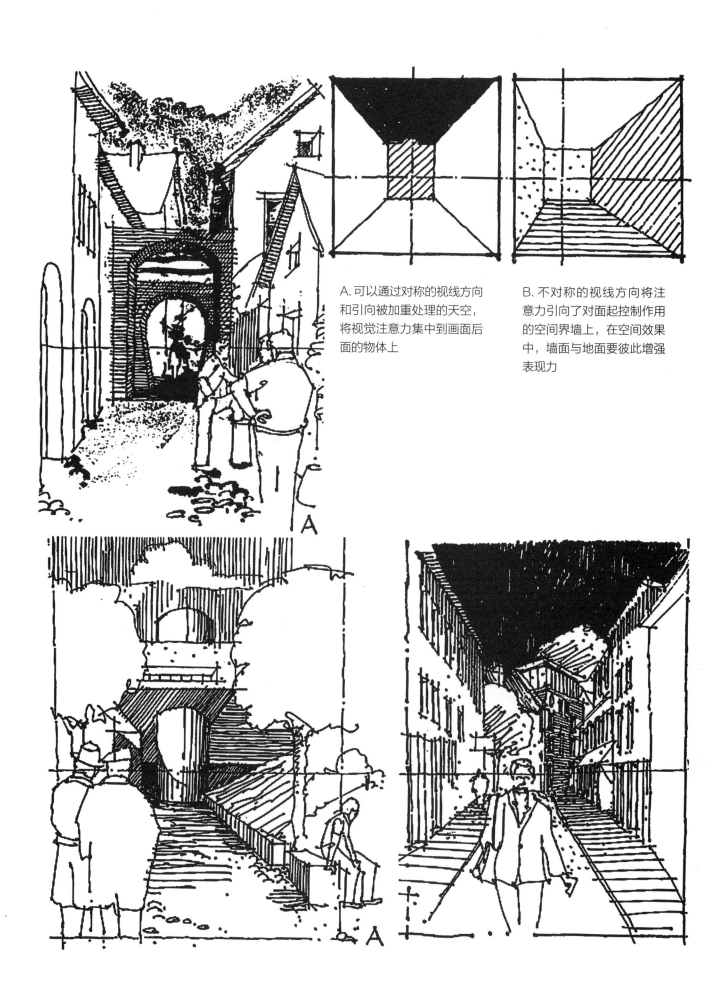

A. 可以通过对称的视线方向和引向被加重处理的天空,将视觉注意力集中到画面后面的物体上

B. 不对称的视线方向将注意力引向了对面起控制作用的空间界墙上,在空间效果中,墙面与地面要彼此增强表现力

A. 要想平等地表达建筑的各个面，
建议采用中间的视点

B. 要突出地表达建筑的某个面并重
点强调其中的细部，建议选择不对
称的视点

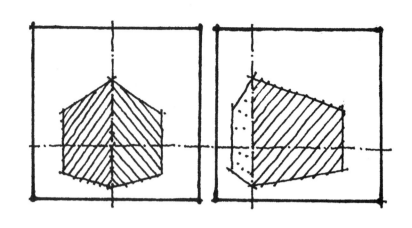

B.

A.

A. 对称的视线方向同等程度地表达
    了内部空间的各个面

B. 不对称的视线方向突出强调了一
    个空间界面

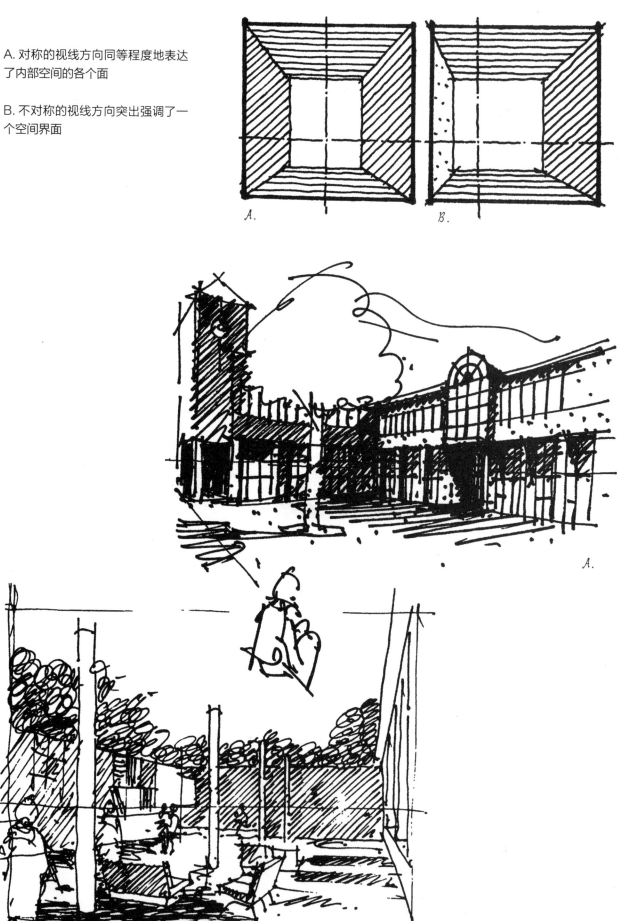

B.

A.

A. 空间深度可以通过前景厚重的
排线或者背景中简单收敛的排线
强调出来

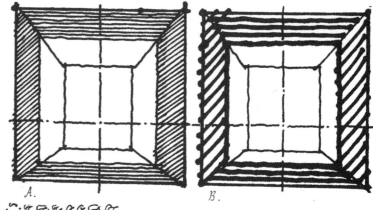

A.

B.

A.

B. 通过在"触手可及"的近处
有力的线条（例如，毡头笔或
碳笔）和背景中的更细的排线
来强调空间深度

B.

画面布局的强调

A. 突出地面，例如，街道地表面形式的设计方案表达

B. 突出街道空间界面的上边缘或下边缘，以诠释街道景观的空间结构

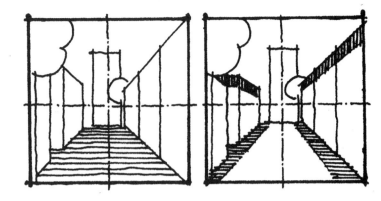

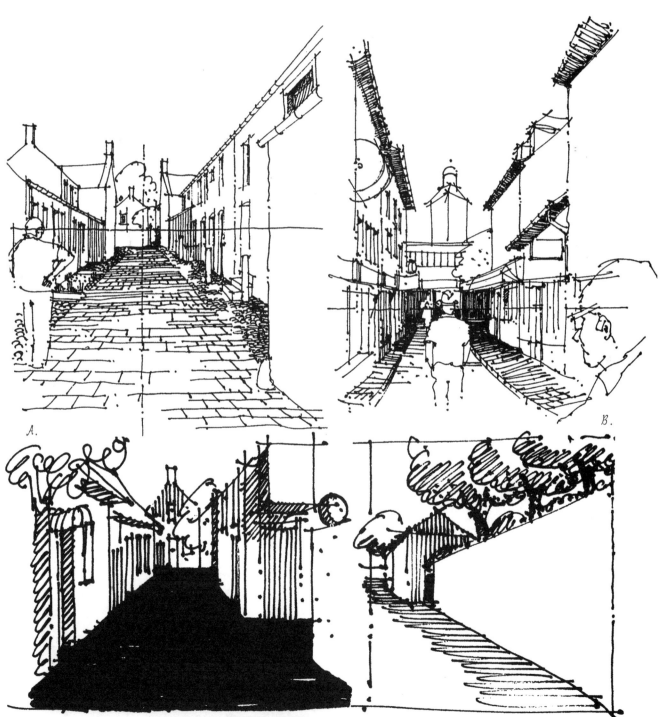

A.

B.

画面布局的强调

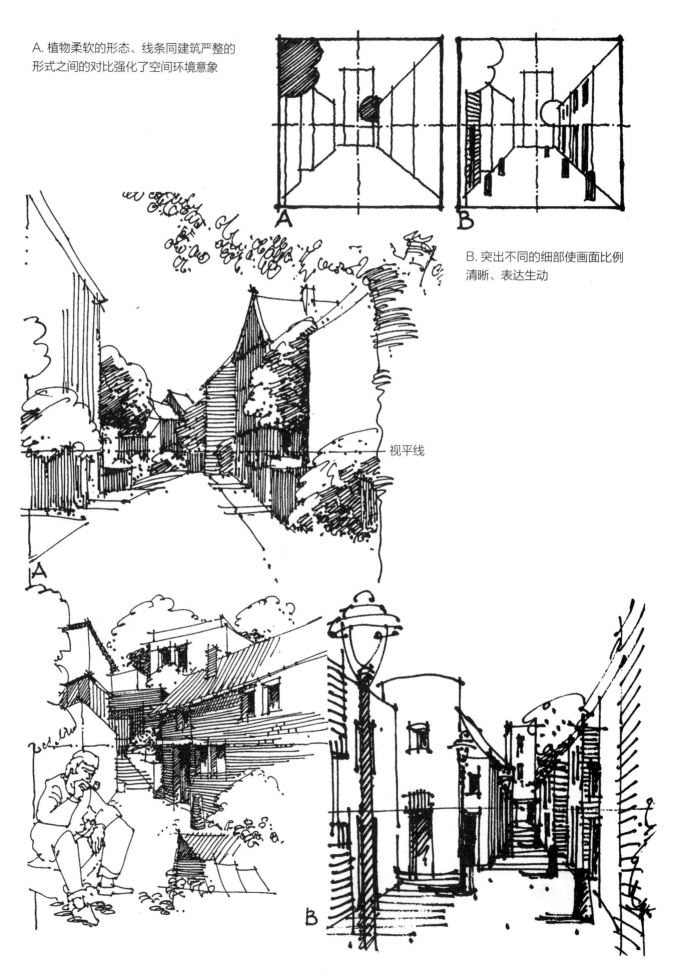

A. 植物柔软的形态、线条同建筑严整的
形式之间的对比强化了空间环境意象

B. 突出不同的细部使画面比例
清晰、表达生动

视平线

想要将细部——例如，设计方案或场所的特殊标志性特征突出出来，可以在草图中着力表现这些部位，而将图中其他的空间结构弱化

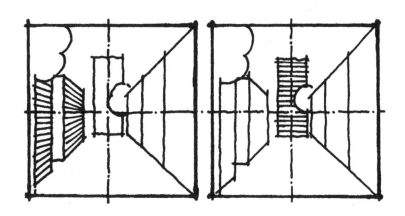

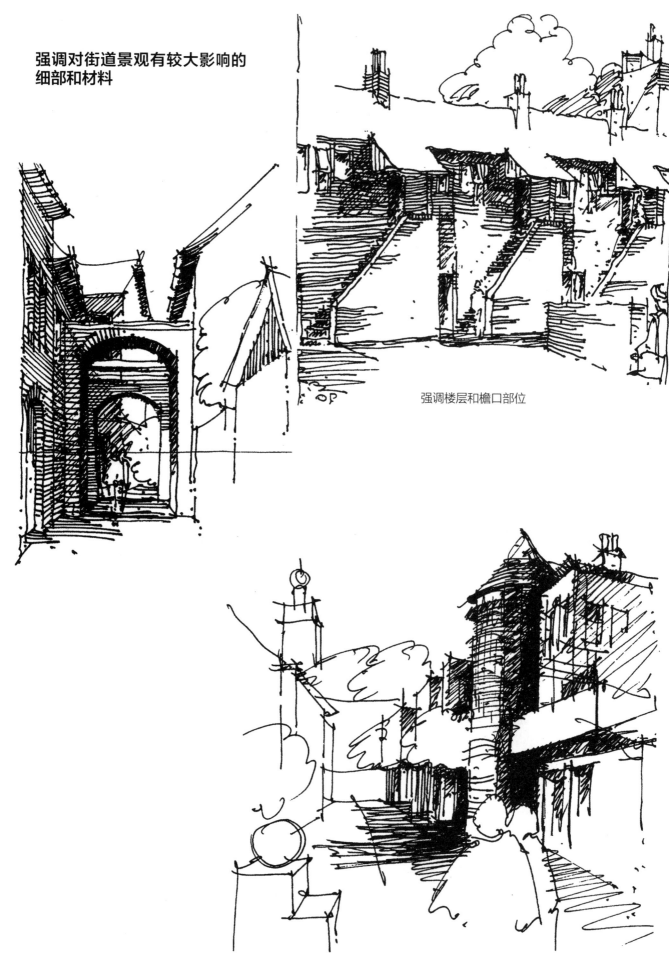

强调对街道景观有较大影响的
细部和材料

强调楼层和檐口部位

通过强化对比关系增强画面的视觉张力

一幅极具视觉张力的作品，可以通过个别与整体形式语言相左的图像要素同整体的形式结构之间的对比来实现

线条的轻与重

线条、结构、肌理

近与远

相邻的新旧对比

水平与垂直

表面、植物、人物

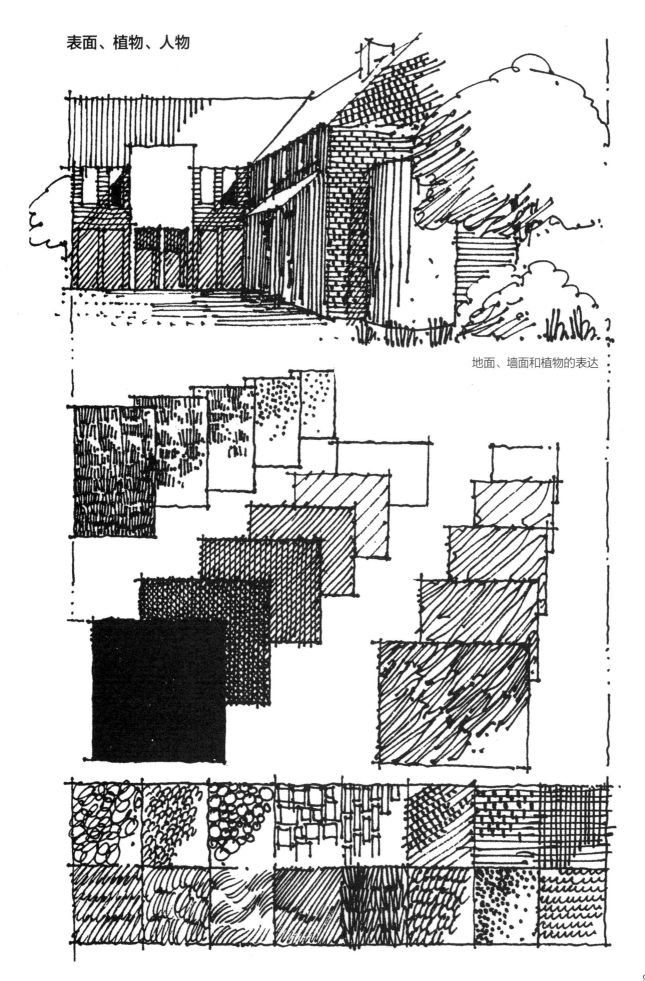

地面、墙面和植物的表达

表面、植物、人物

立面、墙面

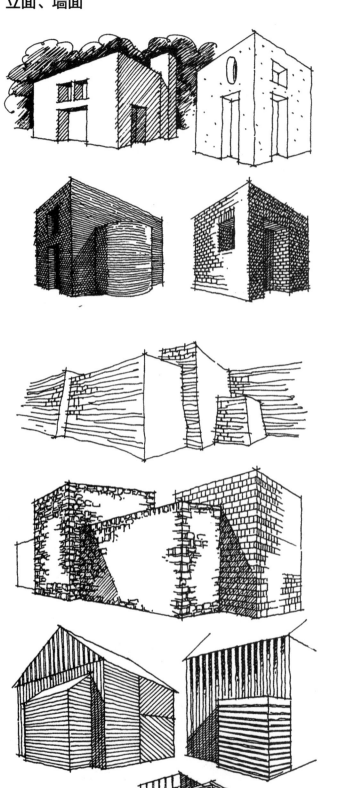

粉刷的、白色的墙面可以通过暗的背景将墙表面的效果强调出来

砖墙

仅概括地表明天然石材墙面的材质

真实再现天然石材墙面材质的形式规格

大面积镶板木墙

金属幕墙示例

示例

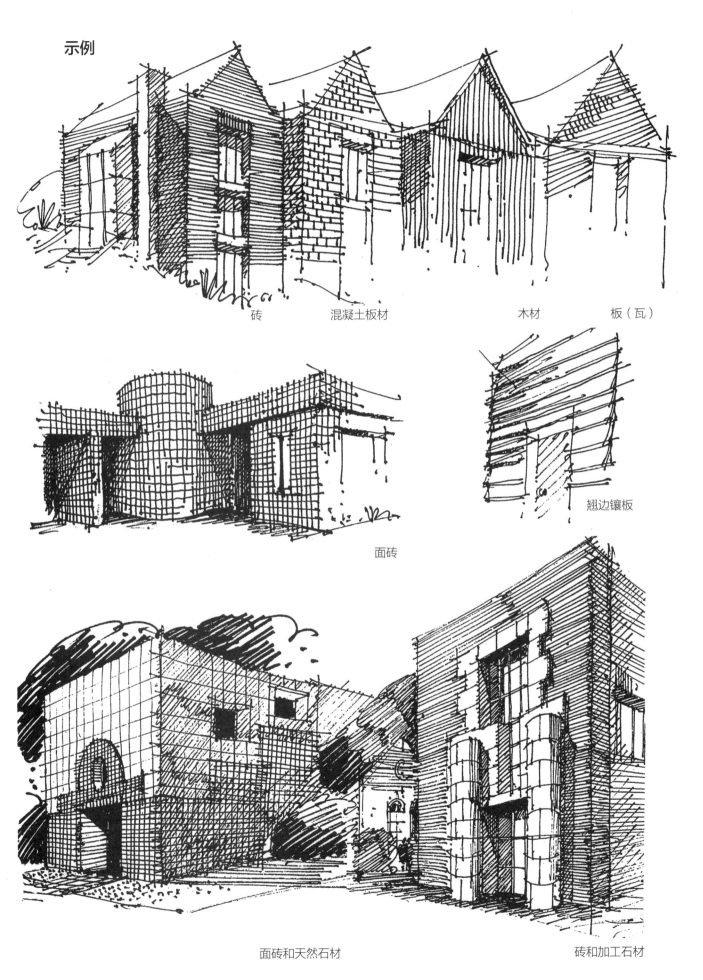

砖　　　　混凝土板材　　　　木材　　　　板（瓦）

翘边镶板

面砖

面砖和天然石材　　　　　　　　　　砖和加工石材

注意:
水平方向的砖石排线仅画在建筑的暗面,受光面保持空白

可以通过背景中空出来的地方的排线来加强视觉上的对比与调剂,在明亮的墙面(形体)后加重暗部范围(例如树木、天空)可使这一效果得到加强

可以利用铅笔在纸上的压力变化形成明暗梯度,增强画面的立体感

砖 / 玻璃　　　　　　　　　　　　　　　　　　　天然石材

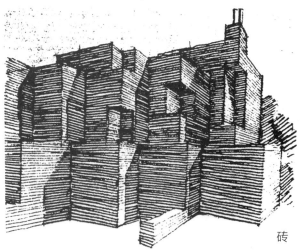

砖

玻璃表面

玻璃表面根据光线射入的
情况且亮且暗地表现出来

与其相互衔接的墙面反射
到玻璃上

窗使光线进入空间内部

屋面和屋顶景观

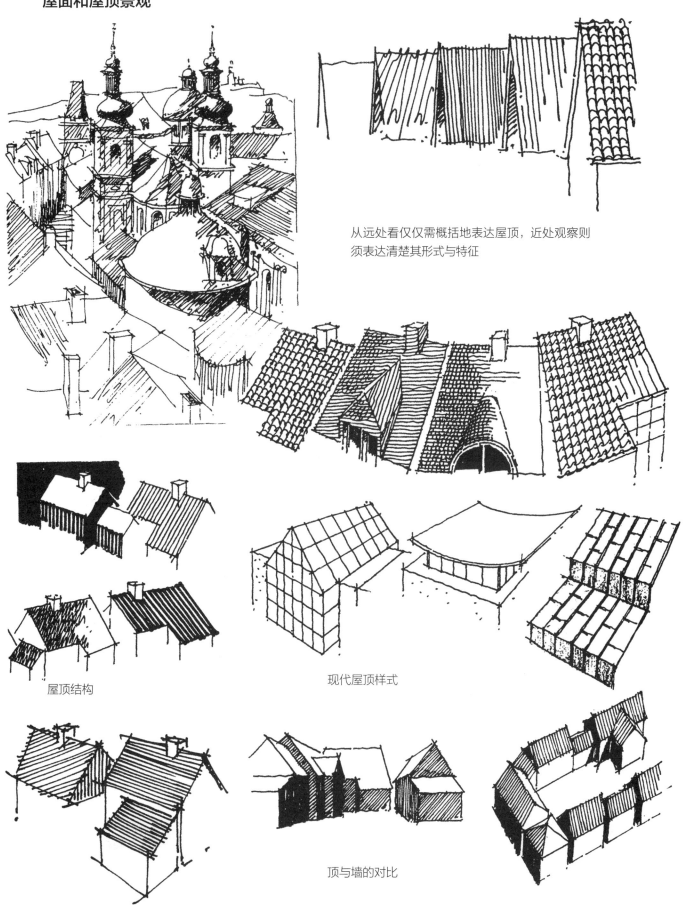

从远处看仅仅需概括地表达屋顶，近处观察则
须表达清楚其形式与特征

屋顶结构

现代屋顶样式

顶与墙的对比

光与影

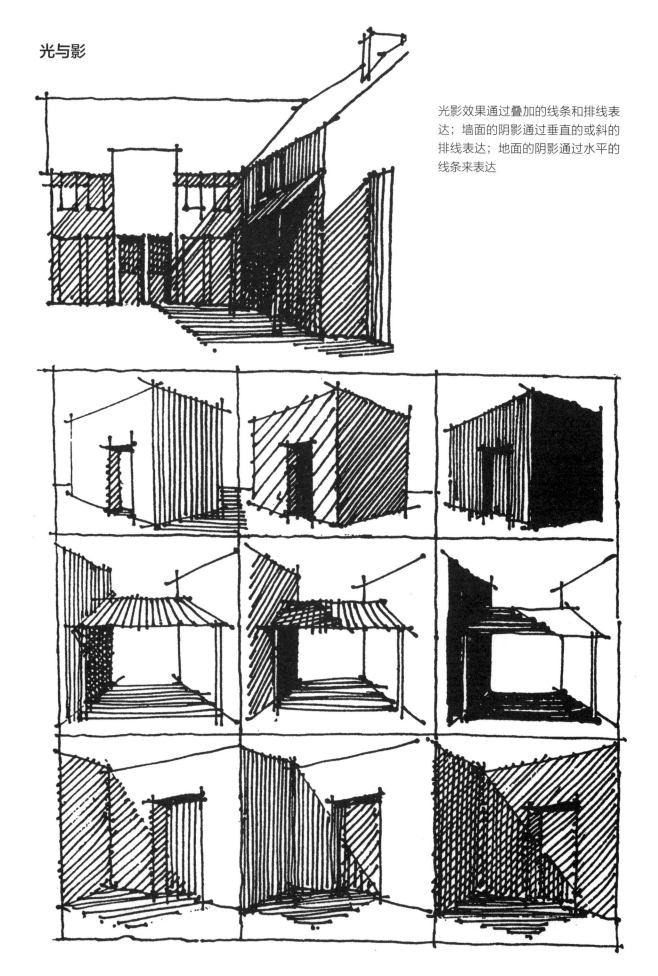

光影效果通过叠加的线条和排线表达；墙面的阴影通过垂直的或斜的排线表达；地面的阴影通过水平的线条来表达

植物

树木

在建筑草图中，树木的表达可以通过描摹树冠特点的简单的轮廓线来实现。将树木用其轮廓线来加以表达一般总是比不完善地表达其自然状态要好

形式

排线结构

树木的草略表达

要想表现出树的体积感，尤其是表达出树冠的体积，人们可以通过排线或"书写般的线条"来实现

人物

人物的表达提供了最简单的可能性，将草图的
尺度与比例表达清楚，并使画面生动活泼

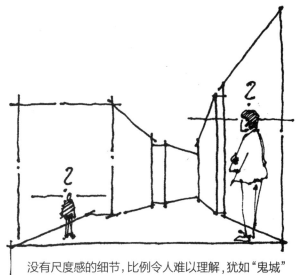

没有尺度感的细节，比例令人难以理解，犹如"鬼城"

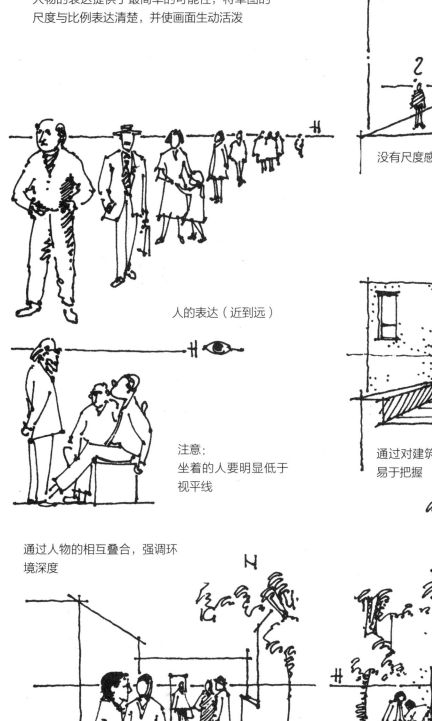

人的表达（近到远）

注意：
坐着的人要明显低于
视平线

通过对建筑细部的表达，可以使建筑的比例尺度
易于把握

通过人物的相互叠合，强调环
境深度

通过对人物的描绘可以使画面更生动，空间深度
效果得以加强

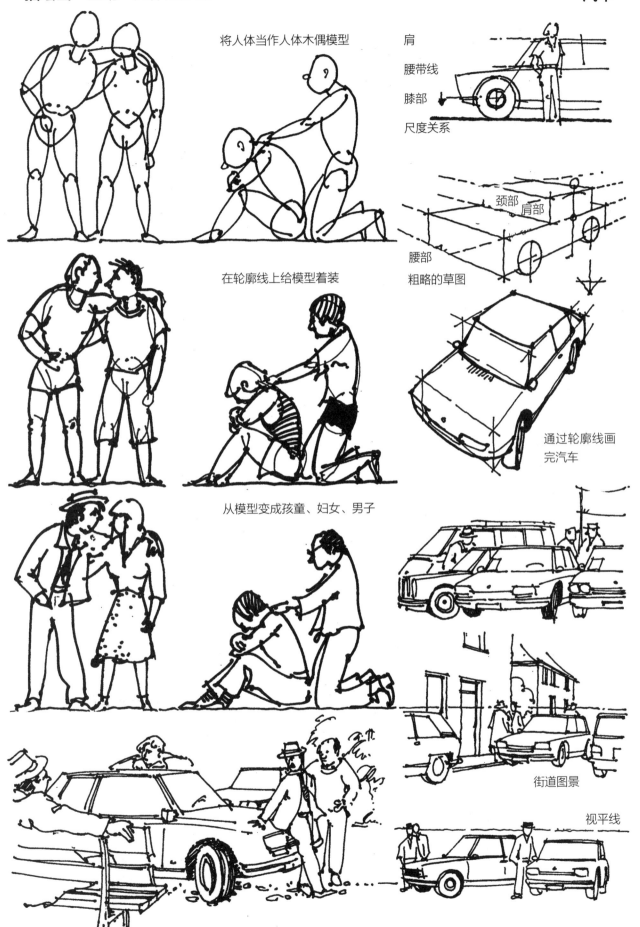

描绘出"生动"人体的步骤

汽车

将人体当作人体木偶模型

肩
腰带线
膝部
尺度关系

在轮廓线上给模型着装

颈部 肩部
腰部
粗略的草图

通过轮廓线画
完汽车

从模型变成孩童、妇女、男子

街道图景

视平线

街道图景

汽车也属于街道景观

第四章 结束语：作为绘画语言的空间草图——以实例指导

研究范本、学习技巧

前面的各章给出了学习空间环境绘画的建议，由此我们也应该知道：不间断地练习，是学习的手段，也是发展个人能力和个人风格的必经之路。不言而喻，当人们充满雄心与乐趣地努力提高自己绘画能力的时候，会自然地将目光对准其他优秀绘画者的作品。研究学习范本，对于拓展和检验自己的能力来说，是一种很好的方法，同时也是非常有作用的激励与鞭策的方法。优秀的绘画范本是一把标尺，能用以衡量自己的工作，目标已经存在——人们要想在目标面前既不艳羡也不灰心丧气，其个人的能力就要处在与范本同一水准的范围内。

用自己从绘画范本中总结出的绘画技巧（例如，线条画法、构图布局、材料选择）来指导自己的绘画练习，是非常有意义的，但要注意的是，不能使自己陷入永久的模仿中而不能自拔。

优秀的绘画者专业而又熟练，人们通过对其方法进行研究，可以了解其非常个性化的表达方式。人们也会领悟到，在绘画方法上如何将不同的内容以图画的"语言"贴切地表现出来——从只能限于一定范围的毫无特点的线与形（例如指示牌）到表现得丰富多彩的细部和氛围。

事实上，我们能选择作为范本的草图和建筑绘画是很少的，这也表明，在表达方式上，建筑绘画的语言是多么不同，因此建议全神贯注地观察研究范本以期学有所获。

对于精确的观察与生动的想象、单义的形式与丰富的指向之间的联系而言，儿童绘画是颇令人赞叹的。儿童在画中自发地表达出来的需求，以及他们在画中表达情绪的能力，"成人"绘画者要想做到是非常困难的。相对而言，在成人眼里，绘画语言是一种复杂的表达手段、是艺术。

Melissa 6 Jahre

因此，绘画艺术就成了艺术家的特征，是艺术家天赋才华的体现。建议学画的学生们应以同样的关注度去学习"小的"和"大的"艺术家。以两者的作品作为范本，都会给予帮助和启发，使学生能够将自己真实观察到的，同时需要表达和介绍的东西描绘（再现）出来。

MEISENHEIMER

在表现力、清晰度、美感等方面，粗放的草图可以同儿童画相提并论。线条、形式及色彩既直接又生动。（设计方案的）创意及要表现的内容直接显现，线条自然随意。形式要素的表达既明确又轻松，并在画面中共同构成一个整体。人的感性和控制力共同在草图绘制的过程中发挥作用，将绘画变成无需冥思苦想的游戏。

但须注意的是，即使画粗放的草图，也必须专注并且努力。要注意使用合适的绘图工具与材料。线条要呈现出速度感，运笔就必须轻松流畅，纸面要能承受画线的力度，并在任何情况下都不应产生钩纸或无墨水的现象。

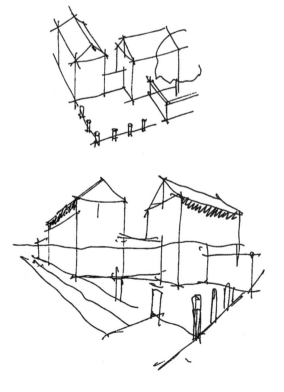

与粗放性草图的感性特征相反，从绘画技巧和效果方面来说，还存在另外一种类型的表达方法，这种表达方法用很少的线条描绘重要的内容、事物。空间的边缘、面的范围都用精确的线来加以描绘，表面的肌理特征、光影效果和细部氛围都被摒弃了。这种表达方式专注于对建筑方案设想本身的思考，强调对空间和形体客观的本质的理解。这类绘画效果在技巧上排除了一切多余的部分，只用尽量少但精准的线条来表现事物。将画面语言浓缩为少量的线和形的过程，会提升绘画者的绘画技艺。这种表现形式对观赏者的想象力也有较高的要求，因为它要求观赏者有足够的能力和知识储备，以将画面语言中被压缩的"密码文件"解读出来。

W. RAUDA

ENTWURFSSKIZZEN   PROF. R. KRIER

空间环境草图作为一种工作和沟通的手段，必须能满足完全现实的目的。同样重要的是，在客观反映现实方面要同照相机一样成为把握现存世界的方法。因此表达设计方案的绘画必须具有"可靠"的性质，要将建筑和空间的状态当作一种可亲身经历体验的现实来描绘。所以，表面肌理特征（材料）、光与影、构造细部和一些必要设施在画中都扮演着重要的角色。这种接近真实的表达——比如在现实存在和规划设想的比较中——可以提供一种易于把握的说明与理解的辅助手段。

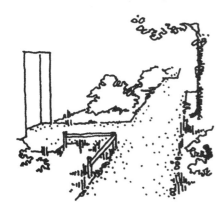

街道改建规划图示——真实的表达

最后，图例表明，在这些图画当中，图画所描绘的内容是与专业语言联系在一起的。人们在专业语言的图像化阐释中，会看到绘画者非常个人化的风格、笔触特征。人们也会看到大量引人入胜的表达方法（从绘画的笔法到应用的绘画材料），感受到绘画者的倾情投入和愉悦，并进一步地感受到绘画者对专业表达范畴的超越。在这里，是人充满热情地完成了绘画，而不是机器般对画面进行数字化的翻版。

引自《城市景观》

方案与绘画

HEINRICH TESSENOW

F. INIGUEZ ALMECH

噪声防护——建筑沿建

我们带着美好的愿望结束本书：愿学习绘画的学生们能抱
着巨大的热情去发现属于自己的"绘画语言"。

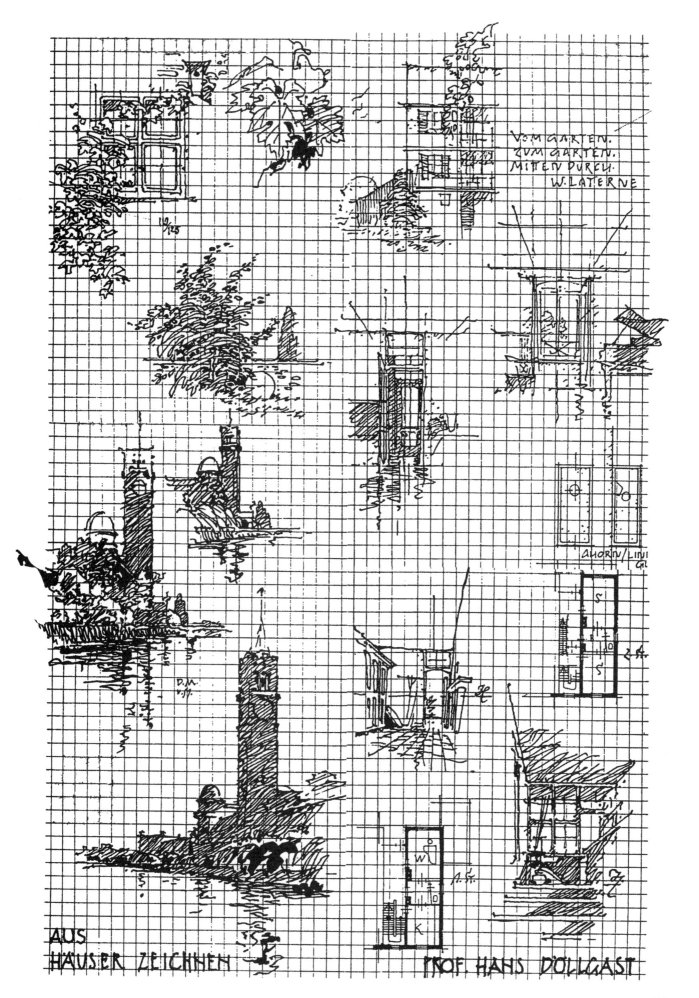

VOM GARTEN.
ZUM GARTEN.
MITTEN DURCH.
W. LATERNE

AUS
HÄUSER ZEICHNEN   PROF. HANS DÖLLGAST

所有未标明作者姓名的草图均为作者所画。

Helmut Bott，Milan Prinz 和 Melissa Meier-Pauken 十分友好地同意作者采用其画作。

其他标明作者姓名的插图选自：

Francisco Iñiguez Almech (第 118 页)，Apuntesde Arquitectura, Valladolid 1989.

Gordon Cullen (第 77/116 页)，Townscape. Das Vokabular der Stadt, Basel 1991, Birkhäuser Verlag/Basel (die englishe Originalausgabe ershien im Verlag Butterworth Heinemann/London).

Hans Döllgast (第 119 页)，Häuse zeichnen, Augsburg 1986, Maro-Verlag/Augsburg (mit freundlicher Genehmigung von Dipl.-Ing. Franz Kiessling/München).

Rob Krier: Städtebaustudie Gemeente Aalter (mit freundlicher Genehmigung des Verfasser).

Wolfgang Meisenheimer (第 112 页)，Raumstrukturen (=) ad 《, Bd.19) , Düsseldorf 1990.

Wolfgang Rauda (第 114 页)，Die lebendige städtebauliche Raumbilding-Asymmetrie und Rhythmus in der deutschen Stadt, Stuttgart 1957, Julius Hoffmann Verlag.

Heinrich Tessenow (第 117 页)，Gerda Wangerin/Gerhard Weiss, Heinrich Tessenow. Ein Baumeister 1876-1950, Essen 1976, Verlag Richard Bacht, Essen.